应用微生物学

主编　郑苗苗　孟令波

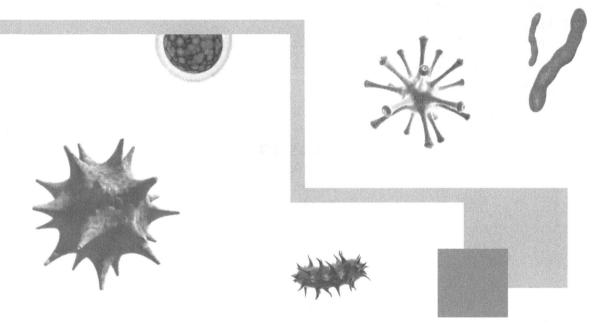

重庆大学出版社

内容提要

本书将应用微生物学与工业、农业、发酵、环境和能源等生产实践知识有机地融合在一起;按照"简明精练、好教易学、注重技术、特色突出、新颖实用、质量第一"的总体要求,强调系统性、先进性、通用性和稳定性,反映生物技术(工程)新知识、新成就。全书共 6 章,包括绪论,应用微生物与发酵食品,应用微生物与酶制剂,微生物引起的食品变质,应用微生物的水处理,应用微生物与环境污染生物修复。

本书可作为高等院校生物技术专业、生物工程专业,包括师范类、工业类及农林类等院校本科生教材,也可作为其他生物相关专业教材,并可作为相关科研人员掌握微生物应用知识的参考用书。

图书在版编目(CIP)数据

应用微生物学/郑苗苗,孟令波主编. -- 重庆:重庆大学
出版社,2021.3

ISBN 978-7-5689-2612-6

Ⅰ.①应… Ⅱ.①郑… ②孟… Ⅲ.①微生物学—应用 Ⅳ.
①Q939.9

中国版本图书馆 CIP 数据核字(2021)第 050161 号

应用微生物学

郑苗苗 孟令波 主 编
策划编辑:杨粮菊
特约编辑:涂 昀
责任编辑:陈 力 版式设计:杨粮菊
责任校对:王 倩 责任印制:张 策

*

重庆大学出版社出版发行
出版人:饶帮华
社址:重庆市沙坪坝区大学城西路 21 号
邮编:401331
电话:(023)88617190 88617185(中小学)
传真:(023)88617186 88617166
网址:http://www.cqup.com.cn
邮箱:fxk@ cqup.com.cn(营销中心)
全国新华书店经销
POD:重庆新生代彩印技术有限公司

*

开本:787mm×1092mm 1/16 印张:9.5 字数:246 千
2021 年 3 月第 1 版 2021 年 3 月第 1 次印刷
ISBN 978-7-5689-2612-6 定价:49.80 元

前　言

　　应用微生物学是生命科学、食品科学、生物技术、医药、农林等专业的一门基础学科，是免疫学、分子生物学和生物技术的"发源地"。同时，应用微生物学是具有自己独特的实验技术和方法的生物学科。这些技术和方法至今仍广泛应用于科学研究和生产实践中。

　　应用型本科院校的教材应该突出应用微生物学独特技能的培养，理论部分符合"必需""够用"的原则，编排上适应应用型本科院校学生的心理。高等学校的应用微生物学课程教学中通常使用的教材都很出色，但是应用于应用型本科院校中略显理论原理比重过大，应用性不足。我们对应用型教育及其对象的特点进行了研究，构建起"以培养学生职业能力为中心"的应用型课程内容体系模式，并进行了相应的应用微生物学教学实践，得到了学生的认同和肯定。在此基础上我们构建了以应用微生物学在五大领域应用技术为中心的结构体系，在应用型本科教育生物类、食品科学类等教学的探索实践中迈出了突显职业能力培养的重要的第一步。

　　本书在结构体系、内容范围和写作上有以下特点：

　　本书结合作者多年教学研究经验，将微生物学与工业、农业、医药、环境和能源等生产实践知识有机地融合在一起。按照"简明精练、好教易学、注重技术、特色突出、新颖实用、质量第一"的总体要求，强调突出基础理论、基本知识和基本技能；明确体现思想性、科学性、先进性、启发性和实用性；紧跟现代生物技术（工程）人才培养目标和需求，充分突出职业能力的培养。

　　本书在理论部分的每一章起始明确按照知识、技能、职业态度3个维度提出课程目标，使读者对本章学习目的和学习结束时应达到的知识、技能和职业态度的目标认识清晰。每章结尾部分配有概念图和小结，帮助读者了解本章内容的关系，指导读者厘清思路。最后是习题与思考题供读者选做，帮助读者巩固必需的理论和知识，为掌握技能打下坚实的基础。

　　本书理论部分的每一章都通过引起学生思考来导入，目的是引起学生对本章内容的兴趣，提示本章的重点内容和要解决的问题，同时问题本身也揭示了本章主要内容之间的联系。

　　本书由郑苗苗、孟令波主编，第1、2、3、4章由郑苗苗老师编写，第5、6章由孟令波老师编写，其中第1章部分内容由胡

1

宝忠老师指导完成。郑苗苗老师编写 14.6 万字;孟令波老师编写 10 万字。

本书在编写过程中,参考了很多资料、文献及网上资源,难以一一鸣谢作者,在此一并表示感谢。本课程在哈尔滨学院进行的教学改革得到了胡宝忠教授的悉心指导以及哈尔滨学院各级领导的大力支持,在此表示衷心感谢。本书还得到以下项目的资金支持:

①黑龙江省高等教育教学改革项目(合同号:SJGY20190405)

②哈尔滨学院教师教学发展基金项目哈苑青椒计划(合同号:JFQJ 2019004)

③哈尔滨学院青年博士科研启动基金项目(合同号:HVDF2019103)

④黑龙江省博士后资助经费项目(合同号:LBH-Z18028)

⑤黑龙江省自然科学基金联合引导项目(合同号:LH2019C041)

⑥哈尔滨学院横向课题项目:《环保型废纸脱墨技术研发及应用》(合同号:HXY 202000131)

由于应用微生物学知识浩瀚繁杂,本书的体例安排又是突显应用型本科院校特点的一种探索,难免会有疏漏之处,恳请读者指出,以便再版时能够修正。

编　者

2020 年 6 月

目录

第 **1** 章
绪　论

1.1　应用微生物学概述

应用微生物学（Applied Microbiology），是以一定的直接或间接应用目标研究微生物及其相互作用和与环境作用的科学。

随着人口的迅速增长、工农业生产的迅速发展和人民生活水平的不断提高，人类面临着食品的安全、环境的污染及修复、资源的压力、传染病的新生与复发等越来越多的问题，这对人类的生活和健康以及各种生态系统构成了直接或间接的威胁。为了有效地保护人们的生活环境，我们要更新技术、改进工艺、减少污染物产生的总量，即清洁生产的方法，对已经进入环境中的分散污染物进行处理。人类需要不断地强化学习技能和创新思维方式，以便能够解决未来出现的新问题。

1.2　应用微生物学的发展

1.2.1　第一阶段：逐步建立方法认识微生物

1673 年，荷兰业余科学爱好者安东尼·范·列文虎克（Antoni van Leeuwenhoek）在人类历史上迈出了可喜的一步，即用自己的肉眼观察到微生物细胞。他将自己制作的放大倍率约200 倍的一个透镜装在金属附件中，组成第一架单式显微镜，并于 1676 年首次看到了细菌，而且作图记录了这一具有划时代意义的结果。列文虎克首次克服了人类认识微生物世界的第一个难关——"个体微小"，从而使人类初步踏进了微生物世界的大门，因此，我们称他为"微生物学的先驱者"。

6 世纪、14 世纪和 20 世纪初的 3 次鼠疫流行共殃及近 2 亿世界人口，而第一、二次世界大战的死亡人数共约 7 350 万人（分别为 1 850 万人和 5 500 万人）；发生于 1918—1919 年的"西班牙流感"曾导致 5 000 万以上人口的死亡；被称为"世纪瘟疫"或"黄色妖魔"的艾滋病，自

1981 年艾滋病在美国发现后,迅速向全世界各处蔓延,至今已导致约 3 500 万人的死亡(2015年);此外,在 19 世纪中叶,由于欧洲过分偏重种植高产作物马铃薯,1845—1846 年在秋收的收获季节恰遇气候异常、潮湿多雨,导致马铃薯晚疫病大面积流行,最终造成了历史上著名的"爱尔兰大饥荒",毁灭了当地 5/6 的马铃薯,在爱尔兰的 800 万人口中,直接饿死或间接病死了 150 万人,另有 164 万人逃往北美谋生。由此可见,作为生物圈中最高级物种的人类,若因微生物的个体渺小和行为的变幻莫测而不加研究,就会遭遇自然界中最小、最低级的物种微生物对人类进行肆虐,人类就会显得极其虚弱,甚至不堪一击!

1.2.2 第二阶段:微生物形成产业

1928 年,英国细菌学家亚历山大·弗莱明(Alexander Fleming)首先发现了世界上第一种抗生素——青霉素,弗莱明因一次幸运的过失而发现了青霉素。他在用显微镜观察一只培养皿时发现,霉菌周围的葡萄球菌菌落已被溶解。这意味着霉菌的某种分泌物能抑制葡萄球菌的生长。此后的鉴定表明,抑制葡萄球菌生长的霉菌为青霉菌,因此弗莱明将其分泌的抑菌物质称为青霉素。随后,弗洛里在一种甜瓜上发现了可供大量提取青霉素的霉菌,并用玉米粉调制出了相应的培养液。在这些研究成果的推动下,1942 年,美国制药企业开始生产大批量的青霉素。

1944 年,美国加州大学伯克利分校博士、罗格斯大学教授赛尔曼·亚伯拉罕·瓦克斯曼(Selman Abraham Waksman)从灰链霉菌的培养液中提取获得抗菌素,抗菌素具有抗结核杆菌的特效作用,开创了结核病治疗的新纪元。从此,结核杆菌肆虐人类生命几千年的历史得以有了遏制的希望。1976 年,苏联在链霉素上的生产量已达 1 415 t,1987 年降为 600 t,1989 年为800 t 左右。目前国外链霉素的主要生产企业是美国的辉瑞公司和法国的罗纳普朗克公司,现在全世界链霉素的产量估计在 2 500 ~ 3 000 t。

1.2.3 第三阶段:现代生物技术

19 世纪中叶,以法国的路易斯·巴斯德(Louis Pasteur,1822—1895)和德国的罗伯特·科赫(Robert Koch,1843—1910)为代表的科学家揭示了微生物是造成腐败发酵和人畜疾病的原因,并建立了分离、筛选、培养、接种和灭菌等一系列独特的微生物技术,从而奠定了微生物学的基础,同时开辟了免疫医学和工业微生物学等分支学科。巴斯德和科赫是微生物学的奠基人。

巴斯德对微生物学的贡献主要有以下几点。

①论证了酒和醋的酿造,以及一些物质的腐败都是由一定种类和数量的微生物引起的发酵过程,并不是发酵或腐败产生微生物。

②认为发酵是微生物在没有空气的环境中呼吸作用,而酒的变质则是有害微生物生长的结果。

③进一步证明了不同微生物种类各有其独特的代谢机能,各自需要不同的生活条件并产生不同的作用。

④提出了防止酒变质的加热灭菌法,后来被称为巴氏消毒法,使用这一方法可使新生产的葡萄酒和啤酒长期保存。后来,巴斯德开始研究人、禽、畜的传染病(如狂犬病、炭疽病、鸡霍乱等),创立了病原微生物是传染病因的正确理论,以及应用菌苗接种预防传染病的方法。巴斯德在微生物学各方面的科学研究成果促进了医学、发酵工业和农业的发展。巴斯德对微生物生理学的研究为现代微生物学奠定了基础。

与巴斯德同时代的德国微生物学家科赫也对新兴的医学微生物学做出了巨大贡献。罗伯特·科赫是德国医生和细菌学家,是世界病原细菌学的奠基人和开拓者。他首次证明了一种特定的微生物是特定疾病的病原,阐明了特定细菌会引起特定的疾病;发明了用固体培养基进行细菌纯培养法。

科赫首先论证了炭疽杆菌是炭疽病的病原菌,接着又发现了结核病和霍乱的病原细菌,并提倡采用消毒和杀菌方法防止病原细菌感染和疾病的传播。他同时提出证明某种微生物是否为某种疾病病原体的基本原则——科赫法则。由于科赫在病原菌研究方面的开创性工作,19世纪70年代至20世纪20年代被称为发现病原菌的黄金时代,所发现的各种病原微生物不下百种,其中还包括植物病原菌。随后,他的学生也陆续发现白喉、肺炎、破伤风、鼠疫等病原细菌,引起了当时和以后数十年人们对细菌的高度重视。

科赫除了在病原菌方面取得了伟大成就外,他在微生物基本操作技术方面的贡献,更是为微生物学的发展奠定了技术基础。他首创了细菌的染色方法和用固体培养基分离纯化微生物的技术。细菌着色法、分离纯化技术和配制培养基技术是进行微生物研究的基本方法和技术,一直沿用至今,尤其是后两项技术,不但是具有微生物研究特色的重要技术,而且为当今动植物细胞的培养做出了十分重要的贡献。巴斯德和科赫的杰出工作,使微生物学开始作为一门独立的学科形成。

1860年,英国外科医生李斯特应用药物杀菌,并创立了无菌的外科手术操作方法。1901年,著名细菌学家和动物学家梅契尼科夫发现了白细胞吞噬细菌的作用,对免疫学的发展做出了贡献。

微生物学家维诺格拉茨基首次发现硫细菌,1890年发现硝化细菌,他论证了土壤中硫化作用和硝化作用的微生物作用机理过程,以及这些细菌的化能营养特性。他最先发现厌氧性的自生固氮细菌,并运用无机培养基、选择性培养基及富集培养基等原理和方法研究土壤细菌各个生理类群的生命活动,揭示了土壤中生物参与土壤物质转化的各种作用,为土壤微生物学的发展奠定了基础。

从20世纪30年代起,人们利用微生物进行乙醇、丙酮、丁醇、甘油以及各种有机酸、氨基酸、蛋白质、油脂等的工业化生产。

1.3　应用微生物学的分科及任务

按微生物应用领域来分总学科称为应用微生物学,分科如工业微生物学、农业微生物学、医学微生物学、药用微生物学、诊断微生物学、抗生素学、食品微生物学等。

在工业微生物学中,生物修复是指利用微生物及其他生物,将土壤、地下水和海洋中的危险性污染物降解成二氧化碳和水或转化成为无害物质的工程技术系统。例如,利用微生物肥料、微生物杀虫剂或农用抗生素取代会造成环境恶化的各种化学肥料和化学农药;利用微生物净化生物、降解污水和有毒工业废水;利用微生物生产的聚羟基丁酸酯(PHB)制造易降解的医用塑料制品以减少环境污染等。生物修复的研究开始于20世纪80年代,欧洲和美洲开展这方面研究较早,现已取得了很大进步,其应用范围在不断扩大,生物修复技术是一种对污染物进行原位修复的新型技术,具有净化费用低,对环境影响小并能最大限度地降低污染物浓度的特点。

在农业微生物学中,粮食生产是全人类生存中至关重要的大事。微生物的生命活动是农业畜牧业生产的重要基础,微生物在土壤营养元素循环中起着十分关键的作用,由于它们的生长和繁殖使土壤中的动物、植物残体不断分解,不断形成腐殖质,从而提高土壤肥力。根瘤菌、自生固氮菌、放线菌及藻类的生物固氮是土壤氮素的重要来源,对粮食生产具有重要意义。

在药用微生物学中,医药卫生是微生物应用较广泛、成绩较显著、发展较迅速、潜力也较大的领域,这是因为可以利用微生物生长繁殖特性结合微生物工程、基因工程、细胞工程、蛋白质工程,从各方面改进医药的生产、药品开发、医疗手段改善、医疗水平提高、保证人类的健康,并且可以从中获得巨大的经济利益和社会效益。

1.4 21 世纪应用微生物的展望

当前,许多科学家都同意"21 世纪将是生物学世纪"的见解,在生物学世界中,应用微生物学将起着特别重要的作用。如果说生命科学还是一个"朝阳科学",应用微生物学只能认为是一门"晨曦科学";如果说应用微生物学是座"富矿"的话,则目前它还是一个刚剥去一层表土的"富矿"。这是因为在微生物学中存在着物种、遗传、代谢和生态类型的高度多样性。微生物的多样性构成了微生物资源的丰富性,而微生物资源的丰富性决定了对应用微生物的研究、开发和利用的长期性。

应用微生物资源开发利用涉及农业、轻工业、环境保护、矿冶、医药等,是与国民经济相关的行业,由于开发的目的不同,开发利用的战略和策略会有很大差别,开发利用程序通常由总体设计、目的菌寻找、产物效果试验、专利申请、菌种改良及发酵和提取工艺研究、报批、生产、市场等相关联的过程组成。

应用微生物开发利用的核心是总体设计,总体设计首先依据现有市场的需要,同时也要分析潜在市场、竞争对手(包括自己的市场开拓能力),同时也要依据开发策略、工作基础及条件、合作力量、投资风险情况等。微生物资源开发利用最好采取产、学、研相结合,寻找技术条件、科研能力互补及诚信度高的合作伙伴,研究成果转化,采取营销一体化的模式。

1.4.1 医药微生物学的研究

人们加强传染性疾病和感染性疾病的病原学研究,为及时诊治疾病提供病原学依据;为深入开展病原学微生物的生物学特性及致病机制的研究,为开发新药提供理论基础;为研制开发免疫原性好、副作用小的新型疫苗;以及研制特异、灵敏、简便、快速的微生物学诊断方法及技术。

1.4.2 微生物在环境治理上的发展前景

微生物在环境治理上的发展前景主要集中在微生物除氮脱硫技术;微生物除臭、特殊废水处理、微生物制浆和微生物漂白技术;重金属污染治理;污染土壤的微生物修复。

1.4.3 微生物杀虫剂的发展前景

微生物杀虫剂的主要研究热点是鉴别和选择有效的天敌,即挖掘新种类或新品系的微生物,构建可稳定供应且价格合理的微生物杀虫剂的批量生产系统;对生产技术进行改进:开发储藏和运输技术,设计在田间供应微生物杀虫剂的方法。

1.4.4 食品行业

在食品行业中,应用微生物主要发展有:食品微生物快速检测技术;功能性微生物的分离、筛选及利用;食用菌的生产、功能成分的提取。

1.4.5 微生物在新能源开发方面的应用

目前微生物制氢方面主要研究方向有:

①进一步揭示氢气产生的机制和条件,有助于在代谢途径方面切断旁路代谢,解除代谢阻碍,使总体代谢向产氢方向进行。

②在基因工程方面增加菌体内氢酶基因的拷贝数,构建高效产氢工程酶。

③在酶工程方面分离纯化得到高纯、高效的氢酶,在体外构建产氢代谢途径。

④在环境工程方面提高工业废物的处理效率,降低环境治理成本。

总之,应用微生物在解决 21 世纪粮食增产、能源供应、资源开发、环境保护、人类健康等方面的危机能力是其他学科不可替代的,只有微生物学相关技术才能代替太阳能的可再生资源,生产碳水化合物转变为现代社会所需要的化工原料和能源。这种能源结构和资源结构的转变直接关系到我国经济的可持续发展、社会稳定和国家安全。

本 章 小 结

应用微生物学是从一定的直接或间接应用目标来研究微生物及其相互作用的科学,是科学技术现代化和工农业现代化的重要科学领域之一,是一门实践性较强的学科。

应用微生物具有个体微小,结构简单;吸收多,转化快;生长旺,繁殖快;适应性强,易变异;种类多,分布广等生物学特点。由于其具有与其他生物不能比拟的特性,应用微生物与人类密切相关,应用范围深入工农业生产、医药保健、环境保护、微电子等领域,在解决人类面临的粮食危机、能源短缺、资源耗竭、生态恶化与人口剧增五大危机中将发挥其不可替代的独特作用。

微生物资源是一类现实和潜在用途很大的可用资源,它的开发利用已成为现代应用微生物学领域的研究热点之一,目前已形成了微生物饲料、微生物肥料、微生物制药、微生物食品、微生物能源和微生物生态环境保护剂六大产业。

应用微生物被认为是 21 世纪的一门"晨曦科学",它将在医药微生物的研究、环境治理、微生物杀虫剂、食品专业、新能源开发等方面有较大突破,从而促进国民经济可持续发展。

第 **2** 章
应用微生物与发酵食品

2.1 发酵蔬菜微生物学

2.1.1 引言

早在 20 世纪初,人们已经开始研究蔬菜发酵中的微生物,一些优秀的研究者已经对蔬菜发酵进行了详细总结,从而为读者提供了更多的参考资料。

2.1.2 酸菜

20 世纪 60 年代佩德森和阿尔伯里等研究讨论了酸菜的生产发展史。人们对于圆白菜的食用已有 4 000 年的历史。制作酸菜要先将圆白菜切碎,然后盐浸,再经自然乳酸发酵制成。酸菜的德文为 Sauerkraut,其译文就是酸的圆白菜。最初制作酸菜是用酸葡萄酒或醋来腌浸圆白菜,后来,人们将圆白菜切碎装入容器中,用未成熟的葡萄或其他酸性水果的汁液浸泡,制得酸菜。至于人们何时用盐溶液代替酸液就不得而知了。1985 年,Vaughn 推测现今酸菜制作方法可能源于 1550—1750 年。

（1）原料

随着酸菜生产的发展,圆白菜的品种也日益增多。口味淡爽偏甜的白色卷心菜多作为酸菜的原料,用它制作酸菜口味好。它的菜头较重(3.5 ~ 5.5 kg),外面的绿叶少,可发酵性糖的浓度大约为 5%,其中果糖和葡萄糖含量几乎相同(各占 2.5%),蔗糖含量较少,参见表 2.1。

表 2.1　圆白菜、黄瓜和橄榄中的还原糖和非还原糖

化合物		含量/%			
		圆白菜叶	圆白菜心	黄瓜	橄榄
非还原糖	蔗糖	—	—	—	—
		0.1 ~ 0.4	1.3 ~ 2.4	ND*	0.1 ~ 0.2

续表

化合物		含量/%			
		圆白菜叶	圆白菜心	黄瓜	橄榄
还原糖	果糖	—	—	—	—
		2.0~2.1	1.0~1.2	1.0~1.4	0.1~1.1
	葡萄糖	2.2~2.6	1.1~1.7	1.0~1.3	1.0~3.0

注: * ND,未检测。

圆白菜中的一些成分有抑菌作用,对发酵过程中起主要作用的乳酸菌有抑制作用。如芥子油苷的水解产物可以产生异硫氰酸盐、硫氰酸盐、腈等。这些都是重要的抑菌成分。最近的研究发现,圆白菜中主要的抗菌成分是甲基甲硫醇硫酸盐。

(2)工艺

酸菜是用盐腌浸的圆白菜干制成的(图 2.1)。将成熟后的圆白菜头除去外层破损的、脏的菜叶(占总重的 30% 左右),再用逆向去心机将菜头中的菜心除去,最后用可调旋转刀将头切成 0.08~0.16 cm 厚的碎片。切片的厚度由操作人员的操作、切片机的性能以及使用的圆白菜所决定。切片后的圆白菜被传送带或手推车送到罐中,之后通过多种多样的盐(2%~2.5%)处理过程。有些传送设备将切片的圆白菜经称重后再装车;有些则先装罐再称重,然后统一加入适量的盐,再用叉子或耙子将碎片倒入罐中。大发酵罐是用玻璃纤维加水泥制成,可装产品 20~180 t。但是,在特殊的酸菜制备中,则使用较小的发酵容器。

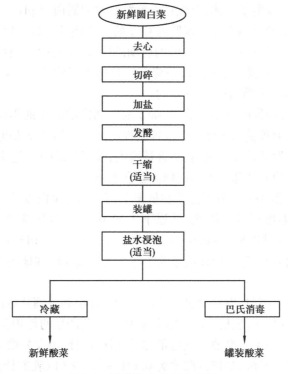

图 2.1 酸菜制备的工艺流程

在罐中装入一定量的圆白菜后加上干盐,圆白菜切碎,组织脱水后与盐很快混合成盐水。罐的顶部盖有塑料薄膜,在膜上加水,借助水的重力将菜片压入盐水中,直至所有菜品都浸没在溶液中。经过较短的时间,罐中氧气耗尽,乳酸菌开始生长,释放二氧化碳,形成厌氧环境。

酸菜发酵的理想温度是 18 ℃,盐的浓度为 1.8% ~ 2.25%。1969 年,Pederson 和 Albury 对生产中的温度和盐度进行了研究。他们发现,当温度和盐度接近适宜时,乳酸菌的生长与发酵进入理想状态。在北美的工业生产中,对发酵温度不加控制。发酵在室温下进行,初始发酵温度与圆白菜的温度有关,随时间、气候的变化而变化(10 ~ 30 ℃)。在干盐浸渍工艺中,不同发酵罐的盐浓度是不同的,发酵时间也不相同,少则几周,多则一年。在北美,酸菜常储存于发酵罐中,或满足顾客的需要进行罐装,这种存储方法较为经济,但不能保证产品质量的稳定性。当酸菜中的乳酸含量较高时,则需要再经盐浸或稀释处理,这就会引起风味的损失和物料的浪费。在欧洲,产品达到一定的 pH 值或酸度后,经巴氏灭菌再包装上市,其口味更淡爽、纯正。

(3)发酵中的微生物学

当把加入的盐浸圆白菜干全部浸入盐水中时,就进入了微生物发酵阶段。最初为异型发酵或产气阶段,然后是同型发酵或不产气阶段。发酵初期是肠膜明串珠菌的异型发酵阶段,此时它的数量最多,且生长繁殖速度快,这是因为肠膜明串珠菌比发酵液中的其他乳酸菌的世代周期要短。但是,它对酸的敏感性较强,随着发酵的进一步进行会很快死去。

肠膜明串珠菌菌种死去后,短乳杆菌和植物乳杆菌在发酵液中生长繁殖。人们从发酵的酸菜中还可分离得到弯曲乳杆菌、米酒醋杆菌、粪肠球菌、融合乳杆菌、醋酸片球菌和啤酒片球菌。但是,这些微生物在发酵中的作用还不清楚。

在产气阶段,异型乳酸菌代谢圆白菜中的糖分(葡萄糖、果糖、蔗糖)产生乳酸、醋酸、CO_2。这些菌株将果糖作为终端电子受体,形成甘露糖醇。发酵圆白菜 pH 值的快速降低和 NaCl 的加入能够抑制革兰氏阴性菌的生长。容器内 CO_2 的产生使其形成了厌氧环境,可以抑制维生素 C 的氧化和圆白菜颜色的加深。在发酵的后期阶段,同型发酵菌植物乳杆菌利用存在的碳水化合物产生大量的乳酸,使溶液的 pH 值降低。自然发酵阶段微生物群落的消长规律对生产具有纯正香味和口味的酸菜是十分重要的。

发酵产率和各菌种的发酵顺序还受到 NaCl 浓度和发酵温度的影响。与乳杆菌或四联球菌相比,肠膜明串珠菌菌种受高浓度盐溶液抑制程度更大。如果盐浓度或温度过高,同型发酵会占优势,从而使异型发酵过程缩短,乳酸含量增大,破坏产品的颜色、风味和组成。当盐浓度和温度高于正常值时,啤酒片球菌和粪链球菌也会生长。

1969 年,Pederson 和 Albury 发现酸菜在低温下(7.5 ℃)也能发酵。肠膜明串珠菌比其他发酵菌种的最适生长温度要低。因此,低温下大约 10 d 总酸量就可达到 0.4%(以乳酸计算),不到 1 个月就可达到 0.8% ~ 0.9%。这样的酸度条件下,切碎后的圆白菜浸没于盐水中,再加上细菌产生的 CO_2,足以保证储存的条件。乳杆菌和四联球菌在低温下生长能力表现微弱甚至不生长。

当温度为 32 ℃ 或更高时,发酵就进入了由植物乳杆菌和啤酒片球菌菌种发酵的同型发酵阶段。由于这两种菌的作用使乳酸含量大增,破坏了酸菜产品的香味和口味,使产品闻起来像腐败的圆白菜。发酵的酸菜在高温下颜色很容易变深,因此,酸菜发酵后应尽快装罐。

在 18 ~ 20 ℃ 下进行发酵,最终的酸量为 0.6% ~ 2.3%(以乳酸计算),pH 值为 3.5 或更低。非挥发酸与挥发酸之比(乳酸:醋酸)一般为(5∶1)~(3∶1)。发酵过程少则两星期,多则两个月完成,这主要取决于可发酵物质的总量、盐浓度、温度和厂家的意愿。

(4)酸菜的不足和腐败问题

酸菜会存在多种腐败现象,如失色(化学氧化)、失酸、口味寡淡有异味(霉味、酵母味和酸臭味)、发黏、变软,有时呈粉红色。这些都是由好氧菌、霉菌和酵母的生长所造成的。生产中应保证厌氧条件才可以使这些问题得以解决。

多年来,发黏或成丝现象被认为是酸菜质量不合格表现。酸菜发黏可能是由于肠膜明串珠菌形成葡聚糖的原因,这种葡聚糖是通过可被蔗糖诱导的葡聚糖蔗糖酶作用而得到。

蔗糖可分解为果糖和葡萄糖,葡萄糖可形成一条葡聚糖链而形成多糖。如果酸菜中蔗糖含量低(表2.1),除肠膜明串珠菌外的其他菌也能利用胞外的一些其他多糖形成多糖。目前,人们对于酸菜中黏液形成的原因并不完全清楚,果胶的分解作用也能使酸菜发黏,但一般较为少见。

2.1.3　腌黄瓜

(1)原料

黄瓜的种植已有几千年的历史。用于腌制的黄瓜与市场上销售的黄瓜的品种的区别通常是形状和质地。腌制的黄瓜在没有成熟时就要摘下来,因为成熟后果实过大,颜色和形状会改变,并且含有大量的种子,用于工业生产则过软。在生产前要将已破损的黄瓜除去,再根据黄瓜直径的大小进行分类,如果需要空运还要将黄瓜冷藏和浸于盐水中,在腌黄瓜中含有可发酵性糖为果糖和葡萄糖(表2.1)。当苹果酸含量充足时,则经苹果乳酸发酵形成乳酸和二氧化碳。

(2)工艺

如图2.2所示,在美国有40%的黄瓜腌制品是用发酵法保存,有40%经巴氏灭菌保存,20%则经冷藏保存。

1)冷冻莳萝腌菜

在20世纪60年代,腌菜的冷藏技术引入北美,冷藏的腌黄瓜具有新鲜的黄瓜味,吃起来很脆。为了防止微生物生长,人们在腌黄瓜中加入了低浓度的醋和苯甲酸钠等化学防腐剂,并将其冷冻储藏(<5 ℃)。

有些非酸化冷藏腌菜也在市场上销售,这些食品中多添加了5%NaCl,并加入了大蒜和莳萝草。盐水腌渍的黄瓜于3~7 ℃储存和发酵,过3个月缓慢的乳酸发酵后,总酸量为0.3%~0.6%(以乳酸计算)。在较低的温度和盐浓度下腌黄瓜中主要的微生物为肠膜明串珠菌。

2)巴氏灭菌的腌菜

1942年Etchells和Jones将巴氏灭菌腌菜的生产技术引入美国,1969年Monroe等也投入腌菜生产,将黄瓜用食醋(0.5%~0.6%)酸化,加入调味品经巴氏灭菌15 min(74 ℃)。生产中加入的盐的浓度为0~3%,糖浓度则随腌菜类型的不同而不同。由于巴氏灭菌的腌菜比发酵腌菜的醋酸柔和,因此受到许多顾客的欢迎。

3)发酵腌菜

发酵腌菜有时也称为咸菜,是经盐水腌浸,经过完整的乳酸发酵而制成的。黄瓜根据大小分类,除去破损的果实和所带的花朵,因为花朵中微生物含量很多,可能会引起黄瓜组织的软化。将新鲜的黄瓜装入大的敞口发酵罐中,加入盐水腌渍,将发酵罐放于室外,盐溶液的最初浓度为 5% ~8%。发酵在室温下(15 ~32 ℃)进行,盐水中经常加入些醋酸,调整 pH 值到 4.5 或更低,以便于除去 CO_2,加速乳酸菌的生长。液体中过高的 CO_2 含量会引起黄瓜的肿胀漂浮。1977 年,Costilow 等使用一些驱气方法将盐腌黄瓜中的一些 CO_2 除去,他们在盐溶液中加入醋酸使 pK_a 值低于碳酸氢盐的 pK_a 值,然后向发酵罐中充入空气或氮气以除去 CO_2。在整个发酵过程中都要进行除气,在通入空气时可在盐水中加入山梨酸钾(0.035%)或醋酸(0.16%),以防止真菌生长和黄瓜软化。

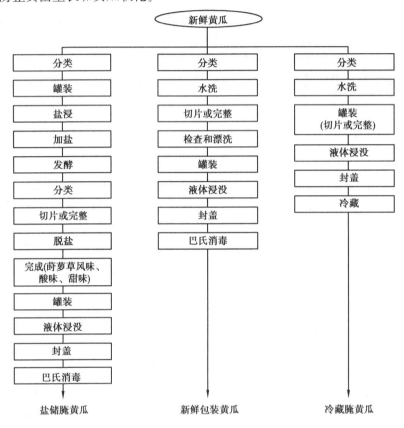

图 2.2　3 种腌黄瓜加工工艺流程

当液体中盐浓度为 5%、温度为 20 ~27 ℃时,发酵可以快速进行。可发酵物质几乎全部转化为乳酸。发酵过程通常在 2 ~3 周内就可完成。发酵结束后,乳酸含量为 1.1%,最终 pH 值为 3.3 ~3.5。

发酵腌菜经脱盐后,再经多种处理制成甜腌菜、酸腌菜、混合腌菜、切片腌菜和调味品等。通过改变总糖量和添加香料及调味品,腌菜的口味变化多样。在脱盐过程中乳酸也被除去,取而代之的是醋酸。然而,乳酸对"地道"的莳萝泡菜来讲是理想的物质,莳萝泡菜是在具有莳萝草风味和香味的 5% 盐水中发酵生产的。虽然产品并不要求热处理,但巴氏灭菌可以延长腌菜的保质期。

(3)发酵中的微生物学

1)自然发酵

在腌黄瓜中,影响微生物数量的主要因素有盐浓度、盐水温度、原料以及发酵初期的微生物数量和种类。生产过程中发酵的速率与盐浓度和盐水的温度有关。

在发酵初期,可以分离得到大量的杂细菌、酵母菌和霉菌。发酵初期一般为 2~3 d,有时为 7 d。这一期间,乳酸菌和氧化酵母菌快速生长繁殖,发酵迅速,一些杂菌数量减少,最终随总酸含量的增加和 pH 值的降低而消失,生产中使用醋酸调 pH 值降至 4.5,来抑制革兰氏阴性菌的生长,同时也为乳酸菌的生长创造条件。

在黄瓜发酵过程中,异型发酵菌的生长是人们所不希望的。较高的盐浓度、较高的盐水温度以及 pH 能快速降低有害菌如肠膜明串珠菌,而起到抑制作用。发酵初期是由啤酒片球菌、短乳酸杆菌和主要菌种植物乳酸杆菌共同完成的。

研究者在发酵初期分离得到许多酵母菌种。其中发酵菌种有异常汉逊酵母、亚膜汉逊酵母、拜耳酵母、德氏酵母、罗斯酵母、霍尔母球拟酵母、炼乳球拟酵母、易变球拟酵母等。氧化菌种有假丝酵母、德巴利氏酵母、毕赤酵母、红酵母属和耐渗透压酵母等。

2)发酵控制

发酵应该在较低的盐浓度下进行,因为大量高浓度盐水的倾倒会影响环境,使环境中氯化物含量增加。在美国的一些地区,要求腌菜的生产环境必须要符合当地环境保护的规定,为此人们采取许多措施,以保证在低浓度盐水中成功生产腌菜。生产者设计出了密封发酵罐,用于低盐腌菜的浓缩;在罐中充入氮气以保证大罐顶部处于厌氧环境;在盐溶液中适当添加钙以保证黄瓜不会软化等。

3)发酵种子

在黄瓜发酵中所使用的发酵种子受到限制。1961 年 Pederson 和 Albury 使用粪肠链球菌、肠膜明串珠菌、短乳杆菌和啤酒片球菌等菌种接种。虽然有接种菌种,但发酵后期的主要生产菌种仍然是植物乳杆菌,因为此菌种可耐高浓度酸。后来人们试图在接种前对黄瓜进行消毒,以减少可竞争的微生物。1964 年,Etchells 等通过 66~80 ℃热水漂洗或 γ 射线辐射(0.83~1.0 Mrad)对原料进行消毒。1973 年,Etchells 等将耐酸的植物乳杆菌菌株接入经过漂洗、盐浸和酸化的黄瓜中。使用醋酸钠可减缓 pH 值的降低速度,使碳水化合物发酵完全。由于 CO_2 可造成黄瓜的漂浮,生产中使用 N_2 驱气装置是很必要的。同型发酵产生的 O_2 是主要的问题,1984 年,Mcfeeters 等发现植物乳杆菌菌株在将苹果酸降解为乳酸时也产生 CO_2,若不经驱气处理,黄瓜中富含的苹果酸(0.2%~0.3%)足以造成黄瓜漂浮。1992 年,Breidt 和 Fleming 利用特制的选择性培养基进行发酵实验,证明了在黄瓜发酵中的大多数乳酸菌都进行苹果酸乳酸发酵。1984 年 Daeschel 等分离得到了不进行苹果酸乳酸发酵的植物乳杆菌菌株,这一菌株有时也可成为黄瓜发酵的优势菌且不产生 CO_2,但专家不能确定何种控制条件下才能使其成为优势菌株。

在实验室中,研究者成功地进行了不加盐的黄瓜发酵。将黄瓜在 77 ℃水中漂洗 3 min,然后浸入已接入植物乳杆菌的醋酸钙缓冲液中。由于漂洗以后微生物的污染,使得黄瓜肉质变形、变软,中试规模的工业生产结果并不成功。

在黄瓜发酵中,分离得到了产细菌菌素的乳酸菌,但是,至今这些微生物也没有成为发酵种子。

(4)腌黄瓜的不足和腐败问题

在发酵中,黄瓜的腐败大多因为微生物的存在和作用。微生物可以通过产生造成腐败的酶,使黄瓜组织软化;通过乳酸代谢形成异味;通过产生的 CO_2 使果实内形成圆形中空孔,引起黄瓜肉质变形。对肉质变形的黄瓜可以采用一些补救方法,将产品转化为其他的调味食品。

但是,纤维素酶和果胶酶所引起的果实细胞组织的软化和破坏意味着几乎全面的经济损失。

在生产中,当 pH 值过低时,乳酸菌会被抑制;当 pH 值过高并且盐或酸含量过低时,梭菌和丙酸菌就会生长,造成产品的腐败。发酵罐大多放在室外,罐顶部封有塑料膜,塑料膜上添加的液体靠重力将黄瓜压入盐溶液中。将发酵罐放于阳光下,紫外线可以减少氧化酵母在表层上生长。当使用密封厌氧罐,并采用低 pH 值高盐浓度进行生产时,这种腐败酵母也可以被抑制。

2.1.4 发酵橄榄

橄榄的加工多种多样,可以罐装、发酵并压榨出橄榄油等。市售的橄榄制品很多,有完整的、去核的、果肉内添加食品的(如西班牙甘椒、胡椒、胡椒糊、凤尾鱼、杏仁等),并将其切为一半、切为 1/4、切成片,以及切碎的等。在有历史记载以前,橄榄就已成为地中海文化中的一部分。在地中海,人们将橄榄经过一系列工艺处理后食用,而在美国人们将成熟橄榄直接罐装食用。

(1)原料

世界上 5 个最大的橄榄生产国都位于地中海,它们是西班牙、土耳其、意大利、摩洛哥和希腊。美国加利福尼亚州是世界第六大橄榄产地,大量的不同品种的橄榄被加工为市售的食品。

橄榄的果实较小且硬,形状好似拉长的球形,有强烈的苦味,橄榄中的苦味主要来自糖苷酚——橄榄苦苷,除去橄榄苦苷的橄榄才能食用。将橄榄浸泡于盐水中或在 1% ~2% 的 NaOH 溶液中水解可除去苦味物质。橄榄成熟过程中,由绿色变为紫色或红色,最后变为黑色。橄榄呈鲜绿色是由于叶绿素的存在,当叶绿素减少,花色苷素形成,橄榄的颜色就会发生变化。橄榄果肉占总重的 70% ~90%,其中主要的可发酵性糖为葡萄糖,还有少量的果糖和蔗糖。

酚类物质占果肉重量的 1% ~3%,这些化合物大多为邻二酚类,它们是成熟橄榄颜色变黑的主要原因,并且它们在发酵中起着重要作用。在果实的自然成熟过程,酚类化合物含量大约要减少一半。

(2)加工工艺

橄榄主要的生产工艺流程如图 2.3 所示。传统方法一般是使用木桶发酵,现今生产中多使用水泥、玻璃纤维、塑料或不锈钢材料的容器,且容器的外面涂有石蜡或用塑料包裹,容器的体积为 10 000 ~20 000 L。生产中将这些容器置于室外或下半部埋于土中,以便于温度控制。

1)碱液处理的黑色橄榄(美国加利福尼亚州黑色成熟橄榄和绿色成熟橄榄)

在 20 世纪初,美国加利福尼亚州人将黑色成熟橄榄用于生产罐装食品。加利福尼亚州的大多数橄榄都这样被生产处理。这些橄榄除了在处理前储存于盐水中以外,不再经过发酵过程。

在秋季,橄榄由绿色变为樱桃红色时就被采摘下来。许多加工工厂没有足够的容器将所有橄榄一次处理完成,多余的橄榄便厌氧储存于盐水中或储存于稀酸液中(含酸 90%),有时也被冷藏起来。在传统的盐水处理中,起始的盐浓度为 5.0% ~7.5% 或盐度为 20 ~30(饱和盐溶液浓度为 26.5%,相当于 100 盐度)。发酵几天后,再加入盐使浓度升到 7.5% ~9%。在盐水浸泡之前,要用针形装置将橄榄的表皮刺穿以防止橄榄收缩。在加工前,果实在盐水中储存,并进行缓慢的乳酸发酵。储存 4 ~6 周后,乳酸浓度可达到 0.4% ~0.45%。由于生产后废盐水的处理较为困难,人们又选择了新的保藏方法,使用一种酸性溶液代替了盐水。此溶液中含有 0.7% 的乳酸、1.0% 醋酸、0.3% 苯甲酸钠和 0.3% 山梨酸钾。目前,90% 以上的加利福尼亚州橄榄工业是采用盐溶液进行果实的保存。在这种条件下,不会发生乳酸发酵,保存效果也优于盐水保存。

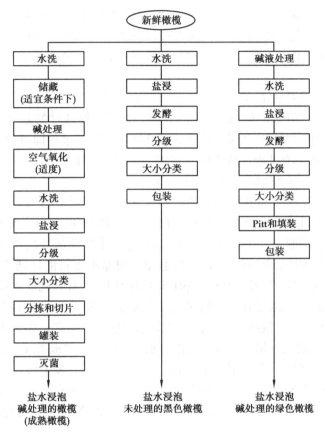

图 2.3　3 种发酵橄榄的加工工艺流程

发酵橄榄需要冷藏保存,因此人们多不采用冷藏的方法,并且橄榄在 5 ℃ 以下储存时,内部会变为棕色。通常人们采用温度为 5 ~ 7.5 ℃,含氧量为 2% 的大气,橄榄可储存 9 ~ 12 周而不会变质。

新鲜的或储存后的橄榄在加工时要经 3 ~ 5 次碱液处理,若在处理过程中通氧气,橄榄中的酚类物质会被氧化而形成多聚物,进而呈现黑色。因此,对橄榄进行适当的碱液处理并暴露于空气中,或在碱液处理过程中通入空气,可以加深果实的颜色。在 pH 8.0 ~ 9.5 的条件下,颜色可快速形成,若在溶液中加入少量的氯化钙(0.1% ~ 0.5%),还有利于颜色的保持。

橄榄经碱液处理后的 3 ~ 4 d 内,每天要用水冲洗两次,同时要用搅拌桨或压入压缩空气进行搅动,以除去碱性物质。然后再用 0.8% ~ 2.5% 的盐水冲洗 2 ~ 4 d。处理完的橄榄经储存、去核、灌装和热处理。当 pH 值在 7.0 ~ 7.5 时,橄榄的颜色保持最长久,装罐后再加入 2% ~ 2.5% 的盐溶液,然后在 116 ~ 121 ℃ 条件下加热消毒 50 ~ 60 min。1991 年,加利福尼亚州橄榄中毒事件的出现使得加利福尼亚州低酸度罐藏食品规定发生了重大改变,此规定要求食品必须要经热处理才可以允许上市。

在成熟的绿橄榄食品加工中,只使用绿色或黄色橄榄,并且在碱处理阶段要保证绝对无氧。碱处理的橄榄需要在隔氧条件下经一系列的水洗过程,以除去碱液,然后再经盐水浸泡和灌装等过程制得成品。

2)碱处理浸于盐水中的绿橄榄或西班牙绿色橄榄

橄榄由绿色转为稻黄色时,就被采摘下来,此时的橄榄果肉与核容易分开,并且果实颜色没有变黑。果实用碱液处理以除去苦味,再经冲洗除去碱性物质。西班牙橄榄的加工要经过完整的发酵过程。如果橄榄只经过部分发酵,就要加入有机酸防腐剂或经灭菌、巴氏灭菌、冷藏等方法保存。

橄榄的碱处理过程要在浓度为 1.3% ~3.5% 的碱液中进行,温度为 12 ~21 ℃,时间为 5~12 h。碱液的浓度和处理时间取决于果实成熟的程度、处理时的温度以及不同的生产过程。在碱液渗入果核前(大约浸入果肉的 2/3 或 3/4),碱处理过程即可停止以使少量的苦味物质保留下来,增强成品的风味。碱处理后,橄榄经一次或多次冷水冲洗,除去过剩的碱性物质。在冲洗中可加入食用级盐酸或其他强酸与碱液中和。

为了避免果实收缩,经碱处理后的橄榄还要在 10% ~13% 浓度的盐水中浸泡。开始时所用盐水浓度较低,以后每天要加入一定量的盐直至达到规定浓度。当盐水浓度较低时,由于梭状芽孢杆菌的生长会引起产品的腐败。因此,发酵过程中要添加氯化钠,以保证盐水浓度在 5% ~6%。为了避免腐败微生物的生长,在发酵结束时盐浓度可能达到 7% 或更高。发酵过程中的最适温度为 24 ~27 ℃,发酵结束时 pH 值通常为 3.8 ~4.4,乳酸含量为 0.8% ~1.2%。发酵时间取决于温度、盐水浓度和发酵初期乳酸菌含量,一般为 3~4 周或更长。

发酵后的橄榄用玻璃罐包装,再加入 7% 的盐溶液后密封保存。如果要制作夹心橄榄,就将发酵后的绿橄榄经去核,在橄榄中填入经浓盐水浸泡的红色甘椒条或小洋葱、杏仁等。夹心橄榄可在 8% 的盐水中保存几周后再包装上市。若发酵结束时,发酵液的 pH < 3.5,盐浓度 > 5%,产品可直接在发酵液中保藏。当发酵不完全时,产品要经巴氏灭菌,以保证一定的保质期。一般消毒温度为 60 ℃,有时也使用 80 ~82 ℃ 的热盐水消毒,这种处理方法可以避免出现微生物沉淀。

3)未经处理的自然成熟黑橄榄(希腊橄榄)

希腊橄榄备受希腊、土耳其和北非人民的喜爱。橄榄在黑紫色和黑色时被采摘下来,此时果实已完全成熟,但没有过熟。在加工中,橄榄不经过碱处理过程,只是在盐水中漂洗以除去部分苦味。因此,成品具有天然的果实香并有淡淡的苦味。果实的保藏可以采用在盐水中发酵、灭菌或巴氏灭菌,或添加保鲜剂等方法。

将橄榄放入发酵罐中,加入 6% ~10% 的盐水直至浸没果实。参与发酵的微生物菌群有肠杆菌、酵母菌和乳杆菌。发酵液最终总酸含量小于 0.5%,pH 值为 4.3 ~4.5。但是在有些条件下自然成熟的黑橄榄经完全发酵,总酸量可以达到 0.8% ~1.0%。发酵过程中,如果盐浓度达到 10%,产酸的耐盐酵母菌会发生醋酸发酵。若不是在厌氧条件下进行发酵,发酵液表面会形成霉菌、酵母菌和细菌的菌膜,使发酵液中糖量和酸量减少,pH 升高。在发酵过程中,梭状芽孢杆菌、丙酸菌和还原硫酸盐的微生物的生长可能引起产品腐败。

4)盐浸橄榄

希腊橄榄经干盐腌渍处理后,脱水程度会高于发酵后的橄榄。加工中过熟的橄榄用水冲洗 2~3 d,然后放入篮子中撒上干盐。高浓度的盐分使得果实脱水,产生部分干缩,从而得到独特的风味。

（3）橄榄发酵中的不足和腐败问题

发酵结束后，橄榄将储存在最后的发酵液中。因此，适当控制发酵液的酸度和盐度对于防止产品腐败是非常重要的。

在橄榄的储存时期应避免发生第 4 发酵阶段，即形成丙酸和醋酸。在产品出售前，橄榄储存于浓度大约为 8% 的发酵盐溶液中。如果橄榄不能及时出售或发酵液最终 pH 值过高（>4.0），在储存阶段就会有丙酸菌生长。这些菌种会消耗乳酸，产生丙酸和醋酸。如果此阶段持续下去，发酵液的 pH 值将显著升高，并有梭状芽孢杆菌生长。

当加利福尼亚州成熟橄榄腐败后，果肉会变软，果皮脱落。其中主要的腐败菌有分解果胶的革兰氏阴性菌，包括产气肠杆菌和产气单胞菌属。

如果发酵中盐浓度过低或发酵速度过慢，可能引起大量杂菌菌群生长。大肠杆菌和酵母菌可以使橄榄发生"鱼眼"腐烂，产生糜烂性毒气。若橄榄在盐水中放置时间过长，会引起"钉头"现象，即在橄榄皮下形成小的凹坑，这可能是因为微生物的生长而造成的（可能与植物乳杆菌有关）。

橄榄的软化与"粉红酵母"中的红酵母深红酵母有关，它们能形成多聚半乳糖醛酸酶，从而引起细胞组织的缓慢软化。通过控制厌氧条件，或者人工去除酵母菌膜，可以抑制红酵母的生长。

产酸产硫化氢的变黑腐败会使橄榄在发酵中产生异味。最初常常会带有一种奶油味，但时间一长就会弥漫着恶臭味。在发酵液中 pH 值高于 4.5，在乳酸发酵停止时，就有可能引发产酸产硫化氢的变黑腐败。当 pH 值低于 4.5 时，产酸产硫化氢的变黑腐败就不会发生。在发生产酸产硫化氢的变黑腐败后，发酵液 pH 值升高，乳酸和醋酸代谢产生大量的化合物，形成的有机酸中最多的为丙酸、丁酸、丁二酸、甲酸、戊酸和正辛酸，腐败的恶臭味可能是由环烷羧酸、丁酸和其他挥发性酸形成的。研究者认为，环烷羧酸可能是由 4-羟基环己烷羧酸衍生而来。在正常的乳酸发酵后，会有 4-羟基环己烷羧酸形成。丙酸杆菌和梭状芽孢杆菌的生长可能引起产酸产硫化氢的变黑腐败。

发酵过程的拖延还会引起丁酸腐败，具有丁酸气味和风味的橄榄是不能食用的。要避免丁酸酸败现象的发生可以采用酸化发酵液和接种发酵种子的方法。

2.1.5 今后的研究重点

今后，蔬菜发酵领域的研究重点将集中于水的利用和发酵后产生废物的处理方面。这就要求降低黄瓜和橄榄发酵中的盐水浓度，因而必须采取一些措施来控制非乳酸菌微生物的数量以及对发酵种子做进一步的研究。由于在自然发酵的研究中有许多困难之处，目前在蔬菜发酵中对发酵种子的应用较少。过去，人们不能详细分析一种特殊菌株在发酵中的作用情况，因此找寻发酵成功与失败的原因是十分困难的。目前，随着利用分子技术标记微生物手段的发展，此领域的研究必将更加深入。

2.2 青贮饲料发酵

2.2.1 引言

在许多国家,青贮饲料是牲畜冬季的主要储备饲料。作为储存饲料,青贮饲料比干草更受欢迎。因为它的制备并不依赖于气候,也不必在成熟期收获,而且,青贮饲料每年可收获 3 次或更多,而干草通常一年只收获 1 次。青贮饲料的生产可以减少对昂贵饲料的进口。

如果草中或其他植物中的干物质(DM)含量较低,足以提供好氧菌发酵,并且植物在厌氧条件下有氧化性植物酶生成,那么它们都可作为青贮饲料的生产原料。青贮饲料经好氧微生物发酵后,在厌氧条件下形成氧化性植物酶,再用铡草机处理,然后经简单的线形槽送到桶仓或塔中储存。在储存堆料中通常有乳酸菌(LAB)作用,它们能利用物料中的碳水化合物进行乳酸发酵,形成乳酸和少量醋酸,使得 pH 值降低,抑制梭状芽孢杆菌发酵的发生。梭状芽孢杆菌可利用所需的发酵产物如乳酸、糖、蛋白质、氨基酸等,代谢形成丁酸、高级脂肪酸、氨、胺和酰胺。青贮饲料的质量通常是依据初级发酵与次级发酵产物的比来判断。比率越高,产品质量越好。可抑制次级发酵的 pH 值是由青贮饲料中 DM 的含量决定。DM 含量越高,生产中的 pH 值就越要求稳定在一定的数值。在许多地区,庄稼收割后直接青贮。DM 含量约为 200 g/kg 时,要求青贮饲料的 pH 值要稳定于 4.2 以下。当 DM 小于 150 g/kg 时,或是在潮湿天气或没有干枯时收割,青贮饲料中会含有过多的水分,会对主发酵的产酸起到副作用。在这种条件下,即使 pH 值为 4.0 也不能抑制梭状芽孢杆菌的发酵。当 DM 含量为 300 g/kg 时,即原料在适当枯萎时收割,由于含水量较少,梭状芽孢杆菌就会被抑制。假设青料中每 1 kg 的 DM 含有 0.5 g 硝酸盐,这些硝酸盐被还原为亚硝酸盐后,会对梭状芽孢杆菌有特殊抑制作用,LAB 可以耐高 DM(700 g/kg),但是当 DM 高于 450 g/kg 时,它们的繁殖率和代谢能力就会明显减弱。

在古代,人们就开始生产青贮饲料。在《旧约全书》中曾记载了人们将谷物的青贮饲料作为食物。不久之后,人们又将青贮饲料作为动物的饲料。

除了名称相同外,青贮饲料也用来表示包括乳酸发酵的产品,它还可以用动物的粪便与植物做原料,再混合加入用酸处理的鱼或鱼粪溶液,然后在厌氧条件下储存,最后,再加入足够的碱、尿素或纯液氨。若 DM 含量为 500 g/kg,pH 值应控制在 8.5 或更高;若原料中 DM 含量较低,不需要添加氨或尿素,以保证发酵青贮饲料的粗蛋白含量和通风的稳定性。以牧草和谷物为原料,在制备青贮饲料的过程中禁止使用过多的酸或灭菌剂,以减少营养损失并增加其食用性。

在青贮饲料制备工艺中,微生物种类和数量,原料的化学变化十分复杂,人们已对其主要变化有所认识,这要归功于对农作物贮料的研究。在农作物贮料的发酵中不采用物理或化学方法加以控制,后文中将以这种类型的青贮饲料为中心加以介绍。

2.2.2 青贮饲料的微生物学

(1)微生物群落

无论是从数量还是种类上讲,新鲜牧草中的微生物群落与最终制成的青贮饲料中的微生物群落都是完全不同的。未经收割的牧草中含有的主要微生物为革兰氏阴性菌和异养菌、好氧菌、产色素菌,它们所在的属为:产气单胞菌属、纤维杆菌属、紫色杆菌属、棒状杆菌属、假单胞菌属和黄单胞菌属。后来,研究者又发现了酵母菌和霉菌,从环境中分离得到的与青贮饲料有关的酵母菌的菌属包括:假丝酵母、汉森酵母、毕赤酵母和球拟酵母。霉菌主要包括:青霉和曲霉。

在青贮饲料中也曾发现过拟内孢霉和酵母菌属。与牧草和青料有关的真菌多种多样,以至于很难确定这些微生物中的典型菌的群落。在厌氧条件下生长的真菌对青贮饲料有害,如娄地青霉,它可以在厌氧条件下生长,并且可耐强醋酸(pH 值为 3.6)。

农作物被收割后,在青贮过程中微生菌物群会发生变化。从开始的好氧革兰氏阴性菌转变为兼性或严格厌氧革兰氏阴性菌。大肠菌群中的肠杆菌、克雷伯氏菌、哈夫尼菌,以及肠球菌和乳酸菌中的明串珠菌属、乳杆菌、酸菌、片球菌和梭状芽孢杆菌是主要菌种。

（2）青贮饲料中微生物的变化

1）起始阶段

人们很早就知道青贮饲料发酵中有两个阶段,每个阶段都与特殊的微生物有关。第 1 阶段相关的微生物为乳酸菌;第 2 阶段相关的微生物是梭状芽孢杆菌。第 2 阶段能否发生还取决于农作物中硝酸盐的含量。发酵的起始阶段肠杆菌大量增殖,直到第 5 天数量开始减少,肠杆菌逐渐被乳球菌(肠球菌、明串珠菌和四联球菌)所代替,然后又被生长较慢、产酸较多的乳杆菌所代替,肠杆菌的减少量是衡量青贮饲料酸化程度的标准,也是判断青贮饲料质量好坏的依据。四联球菌与其他的球菌不同,它不会替代乳杆菌,但它能在发酵后期与乳杆菌一同成为主要发酵菌种。

图 2.4 显示了发酵过程中青贮饲料中的微生物数量的变化,无疑这种变化并不是由于一个菌种比另一个菌种生长速率快所造成的,而是与微生物的生存和适应能力有关。在青贮饲料生产中,微生物的生存和适应能力与菌种的耐酸性和酸化能力有关。乳酸杆菌和四联球菌比其他乳酸菌的耐酸能力强,它们将在肠球菌之后成为主要的发酵微生物。青料中乳酸菌的数量会很快达到 $10^9 \sim 10^{11}$ 个/g 鲜料,在微生物数量变化曲线上形成高峰。青贮饲料中乳酸菌数量变化的原因之一可能是这些微生物对其他微生物有抑制作用。实际上,随着青贮饲料发酵过程的进行,乳酸菌对其他微生物的拮抗作用也有增加。而且,研究者发现:从鱼青贮饲料以及畜青贮饲料中分离得到的乳酸菌对肠杆菌、芽孢杆菌都有抑制作用。

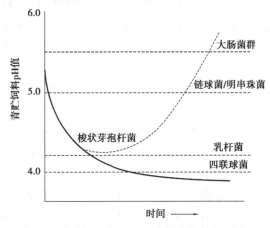

图 2.4　青贮饲料发酵过程中微生物的数量变化

很明显,在青贮饲料发酵早期,微生物数量的变化可能与以下因素有关:环境的变化(如从好氧到厌氧),伴随着各种乳酸菌的耐酸性的不同。这些都造成在青贮饲料发酵早期微生物群落的变化。

2)后期阶段

发酵几周后,很难分出青贮饲料中的微生物是原料中原有的,还是后来繁殖的。pH 值是判断微生物生长趋势的一个较可靠的依据,而且乳酸菌在生长停止后或数量减少时还可能产酸。

在保存较好的青贮饲料中,同型发酵乳酸菌如植物乳杆菌和弯曲乳杆菌可能成为主要的发酵微生物。但是,在青贮饲料发酵中期,它们可能被短乳杆菌等异型乳酸菌所取代,这是由于异型发酵菌对醋酸的耐性较高。因此,微生物数量的变化与微生物的发酵类型和青料的成熟程度有关。在成熟青贮饲料中分离得到的微生物大多为同型发酵菌。在青贮很长时间后,乳酸菌还有可能再次增殖。在青贮饲料发酵中,四联球菌和其他乳酸菌被认为是发酵结束阶段的菌种,这可能是由四联球菌或其他的乳酸菌的再生长现象,又或者是由植物细胞组织或细菌细胞的自溶所释放的营养物质所引起,也可能是因为乳酸菌自动利用乳酸作为营养物质而生长繁殖。1990 年,Lindgren 等发现在缺少可发酵物质时,柠檬酸可以作为电子受体,此时,乳酸可以被代谢形成甲酸、醋酸和琥珀酸,并有 CO_2 产生。1993 年,Weissbach 等认为:在潮湿、低糖青贮饲料异型乳酸发酵中,硝酸盐可以作为电子受体从而形成醋酸盐而并非乙醇的积累。

如果发酵过程中有梭状芽孢杆菌生长,则不能确切指明青贮饲料的发酵阶段。各种物理和化学因素都可以用于确定是否有次级发酵代谢产物的产生,上文中已提到了 DM 含量和硝酸盐浓度在此方面的重要性。梭状芽孢杆菌是严格厌氧菌,在发酵初期以芽孢形式存在;当条件适宜时,这些芽孢开始萌发,在青贮饲料中有一些组分可能会刺激这些芽孢的生长。次级发酵中主要的微生物是可利用多糖的梭状芽孢杆菌(如丁酸梭状芽孢杆菌或酪酸梭菌),它们比可利用蛋白质的菌种(如产孢梭状芽孢杆菌)的耐酸性更强。尽管梭状芽孢杆菌通常出现在青贮发酵的后期,但有时它也会同乳酸杆菌一同在发酵的最初几天繁殖,其生长的温度为 22 ~40 ℃。这也是储存较好的乳酸青贮饲料中或谷物青贮饲料中会有少量丁酸存在的原因。

乳酸发酵形成丁酸是青贮饲料的腐败所引起的,也为能够利用蛋白质的梭状芽孢杆菌的生长提供了条件。在乳酸发酵中,乳酸菌的作用并不比梭状芽孢杆菌重要。但是在青贮饲料中,还发现了哪些在厌氧条件下可以生长的微生物呢?尽管丙酸菌、杆菌和酵母菌会与乳酸菌竞争生长,但它们并不影响青贮饲料的质量。实际上,酵母菌能够抑制霉菌的生长,有利于贮料的稳定性。当贮料暴露于空气中时,酵母菌、杆菌、醋酸菌均会造成青贮饲料的好氧腐败和破坏。

李斯特菌对青贮饲料发酵并没有影响,但污染了单核细胞增生李斯特菌属的青贮饲料可能会影响家畜的健康。当青贮饲料中 pH 值低于 5 时,单核细胞增生李斯特菌会被抑制。

尽管人们仅仅对以草和豆科植物为原料的青贮饲料生产过程中的微生物进行了研究,但化学分析表明所有青贮饲料的发酵都经历乳酸发酵的过程。然而,在土豆青贮饲料中,游离糖分含量较少,因此发酵中所能利用的原料就成了一个根本的问题。淀粉就成为可利用原料。在乳酸菌中除了动物乳杆菌、食淀粉乳杆菌、嗜淀粉乳杆菌和糊精片球菌少数几种以外,都没有分解淀粉的能力。但是,从各种青贮饲料中分离得到的各种微生物都具有这种能力。另外,分离得到的一些乳酸菌还能够利用和吸收细胞壁成分。

从理论上分析,人们认为优质的青贮饲料是从乳酸菌含量较高的农作物制备得到的,并且在优质青贮饲料中主要微生物应该是乳酸菌;在劣质青贮饲料中梭状芽孢杆菌是主要微生物。但是,事实并非如此。优质青贮饲料的原料中含有较少的乳酸菌。在优质和劣质青贮饲料中,乳酸菌的含量是相近的,并且严格厌氧菌的含量也是相近的。腐败的青贮饲料中都含有大量梭状芽孢杆菌,且大多为可利用多糖的类型。1959 年,Kempton 和 San Clemente 提出如果青贮饲料中微生物由球菌组成,那么所制备的青贮饲料的质量较好。但是,人们不能解释为什么在劣质青贮饲料中主要微生物是产酸量较低的乳杆菌。1993 年,Miller 等人发现优质青贮饲料中乳杆菌的含量高于劣质青贮饲料,而梭状芽孢杆菌的数量与丁酸的含量有密切关系。

现在人们认为:单纯列举不同生物菌群的研究结果,不能为有效地选择生产青贮饲料的原料以及生产高质量的产品提供帮助。至今,大量的研究仍不能提供可靠的证据来解释是什么因素造成了不同产酸量的微生物的存在。人们推测,杂菌污染、原料的质量是与此相关的因素,但至今仍没有被充分证据加以证实。

（3）暴露于空气中的青贮饲料中微生物菌群的变化

当打开仓桶拿取饲料时,无论是取出的贮料还是未取出的贮料都会受到影响。主要表现为:酸量和残糖的损失,pH 值和温度的上升,DM 的损失。其中 DM 损失最大,甚至超过了青贮饲料制备过程中总的 DM 损失,即青贮饲料发酵制备过程中,在建立厌氧条件前,植物和微生物呼吸损失,农作物中过多的水分蒸发损失,由于密封不严而引起的表面物料损失。暴露于空气中的青贮饲料的 DM 损失大约为 300 g/kg。将 DM 含量较高的青贮饲料如玉米堆放于农场上,在储存中使其趋向枯萎,并接种发酵菌株或采用化学方法控制发酵过程,能够得到优质的贮料。但生产中的好氧代谢会引起物料损失。人们用很多词语来形容暴露于空气中的青贮饲料的发酵过程,如"后发酵""再发酵"或"好氧发酵"。这些词语的应用并不恰当,因为好氧微生物会造成青贮饲料的损耗,在优质的青贮饲料中是不允许好氧微生物存在的。

酵母菌,以及玉米原料中的醋酸菌,会造成青贮饲料的好氧损耗,此过程中还有一些可利用乳酸的微生物,如假丝酵母、汉森酵母和毕赤酵母以及可利用糖的微生物(如球拟酵母)的生产代谢。但是,人们发现:酵母菌含量高时,贮料好氧损耗速度并不比酵母菌含量低时快。由此可见,酵母菌并不是好氧损耗的唯一因素,还应包括前面提到的醋酸菌,有时还应有可降解蛋白质的芽孢杆菌的存在。这些杆菌大多出现在玉米青贮饲料中,在青草青贮饲料中比较少见。若在青草青贮饲料中出现这些微生物,则只能添加抗真菌剂来加以控制,而对于玉米贮料则需要添加抗真菌剂和抗生素才能保证青贮饲料的质量。早期的研究者认为好氧损耗后期主要是细菌的代谢作用。在好氧代谢初期的酵母作用之后,可能是链霉菌属或其他放线菌的破坏作用,DM 含量高的青贮饲料较容易感染酵母菌。

$2\sim3$ d 内青贮饲料中酵母菌数就可达到 10^9 个/gDM,甚至可高达 10^{12} 个/gDM,细菌数能达到 10^9 个/gDM。尽管暴露的青贮饲料容易染菌,并且仓桶中也附有残存的微生物,但上述这些微生物大多是原料本身所带有的。当然,仓桶的管理也是一个重要的生产环节,因为在储存期内若有空气进入就容易引起好氧微生物的生长。

2.2.3　青贮饲料的化学成分

在农作物中有 3 种主要化学成分参与青贮饲料的发酵,它们是水溶性碳水化合物、有机酸和含氮化合物。

农作物中主要的糖有果糖、葡萄糖、蔗糖和果胶聚糖。其中,蔗糖和果胶聚糖在青贮过程中可快速水解为单糖、多糖、果糖、葡萄糖以及一些戊糖,这些糖类物质在青贮饲料中十分重要,下文将对此展开讨论。

当仓桶中形成厌氧条件的时候,乳酸菌开始利用由植物呼吸和好氧微生物代谢所剩余的糖。乳酸发酵的性质取决于微生物是同型发酵乳酸菌还是异型发酵乳酸菌,以及相关的可发酵性糖是否充足。在同型发酵中,1 mol 果糖或葡萄糖经 EMP 途径形成丙酮酸,再生成 2 mol 的乳酸(图 2.5)。在异型发酵中,除了形成乳酸外,通过果胶聚糖单磷酸盐途径还有其他产物形成,如图 2.6 所示。当以果糖为底物时,甘露糖醇和醋酸代替了葡萄糖发酵中形成的乙醇,果糖形成的酸比葡萄糖少。异型发酵形成的强酸比同型发酵少,有时会有大量甘露糖醇生成,这种反常现象可能是由布氏短乳杆菌所引起。此菌种不能发酵葡萄糖,因为它缺少葡萄糖发酵过程中形成的还原型腺嘌呤二核苷酸所需的乙醛脱氢酶。但是,它可以吸收利用果糖,将其还原成甘露糖醇,方程式如下:

2 果糖 + 葡萄糖——→2 甘露糖醇 + 醋酸盐 + 乳酸盐 + CO₂

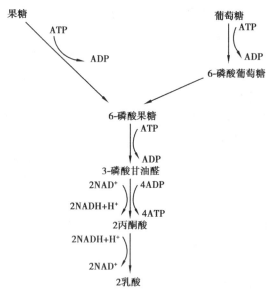

总反应式:$C_6H_{12}O_6 + 2ADP \longrightarrow 2CH_3CHOHCOOH + 2ATP$

图 2.5 同型发酵乳酸菌的果糖和葡萄糖发酵

在异型乳酸发酵中,从产酸方面讲,果糖的利用率要高于葡萄糖。在牧草中所利用的果糖与葡萄糖之比为 3:1,但在玉米中二者利用量的比值为 1:1.5。青贮饲料中的乙醇是由酵母菌经乙醇发酵途径所生成的。但是,无论是从微生物还是从化学结果来看,大量的乙醇不可能仅由酵母菌产生。

许多乳酸菌能发酵果胶聚糖,这些糖并不是牧草中原有的,而是通过植物的半纤维素降解而形成的。农作物收割之后,11% ~55% 的半纤维素被降解,使果胶聚糖大量形成。这些糖被大量消耗,大部分被转化为乳酸,还有少量会转化为醋酸。这两种发酵都是经过同一途径,DM 不会因形成 CO₂ 而造成损失(图 2.7)。此代谢途径中有醋酸生成,它本身就是一种抗微生物因子,食品的保藏就是基于这个原理。

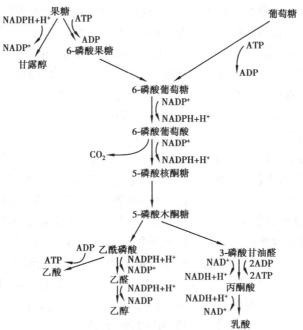

总反应式：(葡萄糖)$C_6H_{12}O_6$+ADP $\longrightarrow$ $CH_3CHOHCOOH$+C_2H_5OH+CO_2+ATP
(果糖)$3C_6H_{12}O_6$+H_2O+2ADP $\longrightarrow$ $CH_3CHOHCOOH$+$2C_6H_{14}O_6$+CH_3COOH+CO_2+2ATP

图 2.6 异型发酵乳酸菌的果糖和葡萄糖发酵

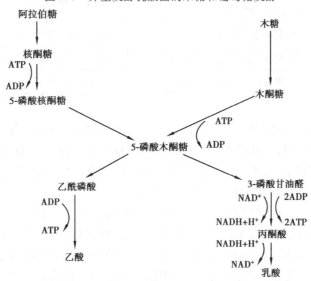

总反应式：$C_5H_{10}O_5$+2ADP $\longrightarrow$ $CH_3CHOHCOOH$+CH_3COOH+2ATP

图 2.7 乳酸菌的戊糖发酵

2.2.4 发酵控制

青贮饲料制备中大多不需要人工控制,而在其他工业中一般要对原料进行灭菌杀死原料中固有的微生物,然后接种特定的微生物。但是,在青贮饲料生产中,是以原料中优势微生物乳酸菌为生产菌株。但是当原料中乳酸菌含量较低且含糖量较少时,会导致酸化作用的拖延或破坏青贮饲料的发酵。大量的资料表明,新鲜收割的农作物可以为青贮过程提供大量的乳酸菌。在储存过程中如果乳酸菌代谢能力差,或者枯萎的植物中含有少量的耐渗透乳酸菌,会引起贮料中 pH 值降低不充分,并直接影响到产酸量和微生物的发酵效率。

人们通过使用一些添加剂可以控制发酵过程。添加剂的使用有着悠久的历史,其不同的选择与产品的成本有着密切的关系。过去,在青贮过程中人工加入一些添加剂,使贮料的口味多样,更适合家畜食用。但是,目前已经不在装仓过程中人工定期添加添加剂,而是在收割农作物时根据原料重量估算后再添加一定量的添加剂。

青贮饲料最初添加剂的使用是为乳酸菌的生长创造条件,并减少这些微生物的产酸量。有时,生产中通过添加酸阻止蛋白质的水解。人们还尝试添加大量产酸菌以控制发酵。但是,不久后就取消了这种方法,因为过多的酸可能会限制动物对饲料营养成分的吸收,影响反刍动物对蛋白质的降解,并且在添加了这些添加剂的贮料中,残糖含量丰富,极容易发生好氧损耗。

人们按照添加剂对微生物的作用对青贮饲料添加剂进行了分类,见表 2.2。与其他分类系统一样,这种分类并不是绝对的。例如,添加适量的酸尽管可能会阻止乳酸菌发酵,但会促进那些耐酸乳酸菌的增殖,减少其他微生物对底物的竞争,起到发酵激活剂的作用;另一方面,过多的酸对所有微生物都有抑制作用,下文中将对其抑制作用进行讨论。

表 2.2 青贮饲料添加剂分类

分　类	作　用	举　例
酸	引起微生物数量变化,使梭状芽孢杆菌不能生长	硫酸、盐酸、甲醛
发酵抑制因子	抑制微生物生长	甲醛、偏亚硫酸氢钠
发酵激发因子	促使乳酸菌或主要发酵菌生长	糖蜜、纤维素酶、淀粉酶、微生物培养物
专性抗微生物因子	抑制梭状芽孢杆菌生长	硝酸钠、抗生素

无机酸没有特殊的抗微生物特性,仅作为一种酸化剂使用。但是,诸如甲酸、乙酸、丙酸和芳香酸等具有抗真菌作用,特别是在低 pH 值条件下对梭状芽孢杆菌有抑制作用。当大量使用酸类物质使 pH 值降到 4.2 时,所有强酸对青贮饲料都有良好的保存作用,而且,丙酸和芳香酸对青贮饲料中的好气杆菌和酵母菌有抑制作用。

福尔马林溶液(350 g/L)或其前体物质——六甲撑四胺,对青贮饲料中所有微生物均有抑制作用,随着原料量的不同,还会抑制或消除发酵作用。此外,福尔马林的一般使用量在每千克粗蛋白中添加 30~50 g 的情况下,可保护蛋白质在瘤胃中免于降解;但使用过多会起过分保护作用,用量过少会激发丁酸发酵。有时,人们会使用偏亚硫酸氢钠作为杀虫剂 SO_2 的来源。

在青贮饲料的添加剂中,硝酸钠是最常用的抗微生物剂,它对产孢子菌有抑制作用。因此,硝酸钠也常用于肉制品中。许多抗生素都有抗微生物的特性,且使用量较少,所以都可作为青贮饲料添加剂。但是,许多国家都限制抗生素的使用。这些试剂在实际生产中并不能控制发酵过程,所以很少用作添加剂。

在青贮饲料制备中,糖蜜是最常用的发酵激发剂,1 kg 中含有 650 g 可发酵性糖,大部分为蔗糖。糖蜜的使用量较大,每 1 t 青贮饲料需要 20~40 kg,这种黏性物质的计量需要采用特殊的器具,必要时还要用水稀释,这就给青贮过程带来不便,因为青贮饲料中不应有大量的水分,否则在弃废水时就会有大量的物料损失。

在青料生产中,同型乳酸发酵菌曾被用作发酵种子以控制发酵过程。研究者在研究强酸或更安全的添加剂时,对接种物控制发酵的方法进行了大量研究。在西欧,青贮饲料中广泛使用福尔马林试剂作为添加剂。

在酒业、乳酪业生产的初期,一般要使用发酵种子。与此相似,在青贮饲料发酵中也使用发酵种子以提高产量,这一技术已有一定的应用历史,在近代的使用则更为广泛。

法国有许多文献对在生产中接种乳酸菌有所记载:在 20 世纪早期,有人在甜菜贮料制备中曾使用乳酸菌作为发酵种子。20 世纪 20 年代德国南部,人们将农场上的天然培养物接种于青贮饲料。过去,由于生产原料不能被乳酸菌直接利用,人们曾在青贮饲料中添加麦芽或其他一些谷物作为糖化酶的来源,使更多的底物被分解,以供菌种吸收利用,但是,目前这种添加剂已不再使用。源于植物的糖蜜早期被用作发酵激发剂,糖蜜中含有多种酶和接种菌体,被称为生物添加剂,此外早期人们在青贮料生产中也使用一些植物副产品(如含糖甜菜),以防止低 DM 含量的青贮饲料生产中物料的损失。

20 世纪 70 年代,由于考虑产品对牲畜的健康性和安全性以及生产中对机器的防腐保护,青料生产中对酸液的应用变得越来越少,人们开始将目光转向生物添加剂的使用,尤其重视乳酸菌种的选育和相关酶的纯化等,特别是选育使用乳酸菌和比过去更加纯化的糖化酶等。这些生物添加剂随生物技术(如菌种选育技术、菌种保藏技术等)的发展而产生。在生产研究中,研究者也遇到了许多问题。例如,在美国,将用于低 DM 含量欧洲牧草生产的菌株应用到玉米贮料时效果不好,得到的青贮饲料的质量较差。生产中添加的酶的最适 pH 值比青贮饲料所需的 pH 值低,这样使得贮料转化为植物泥浆造成损失,在英国称这种现象为“青料熔化”。因此,人们又将生物添加剂称为“条件添加剂”,即它们仅在理想条件下效果最好,但在大多数时候效果欠佳。

当生产中使用生物添加剂时,特别是其中含有乳酸菌或糖化酶时,pH 值的降低速度明显快于不使用添加剂的情况。pH 值快速下降,最终 pH 值很低,使得肠杆菌数量大减,同时也抑制了蛋白质水解。一些生物添加剂的使用对 pH 值影响明显,而对营养成分无显著影响。

欧洲的 Lindgren、Petterson 和 Spoelstra 都对生物添加剂进行了大量研究。1995 年 Jones 总结了前人的研究成果后指出:在青贮饲料中接种菌株或添加纤维素酶能提高发酵质量,使乳酸含量与硝酸脂肪酸以及氨的总量之比大大增加,这些添加剂促进了同型乳酸发酵,能够用于发酵控制。

添加任何一种添加剂的最初意图仅仅是控制发酵过程,如减少储存损失和降低次级代谢的可能,并没有考虑营养问题。目前大量的数据表明,添加剂有利于反刍动物对饲料的吸收,这一点从牛肉和牛奶的质量分析以及动物对蛋白质或能量的利用上都可证明,1995 年,Jones 从 50 个实验数据中总结得到了有关营养吸收方面的数据。牛对有添加剂的青贮饲料的营养吸收增加了 6%,表观消化量增加了 3% ~ 5%,牛肉产量增加了 4% ~ 32%。这些发现有很大的应用价值。1992 年 Gordon 已经证明了使用酸性添加剂可以增强家畜对饲料的吸收,但肉制品、奶制品的产量并无明显变化,而且若使用硫酸做添加剂,反而还会使这些奶肉制品产量下降。

这些生物添加剂是如何增加奶、肉制品的产量的呢? 这可能是由于生物添加剂可以导致更高效的发酵从而使得牧草中能量组分的比例更高,到达瘤胃的营养含量更多,增强了瘤胃的消化作用。而且添加生物添加剂会促进酸化作用,使得蛋白水解以及脱氨作用减慢,牧草营养则更为丰富。在 1995 年,Jones 就曾指出使用生物添加剂后的青贮饲料 pH 值降低速度快,使青贮饲料中的蛋白质残存较多,大量蛋白质进入反刍动物的瘤胃中,最后在回肠中消化。目前,研究者仍在进行大量研究,以得到引起家畜肉、奶产量增加的可靠原因。

未来青贮饲料中使用的生物添加剂将是酶、生产菌株及其混合物。酶将在生产中起调节作用。现在,越来越多的国家对生物添加剂进行了登记注册,以保护消费者的权益和保证生物添加剂能促进发酵、提高青料产品质量,增加动物的肉、奶产量。目前,许多的发酵种子在工业生产中不能达到足够的数量,因此不能与自然菌体竞争成为主要的发酵菌。如果要达到这一目的,每 1g 青料中至少需要接种 $10^5 \sim 10^6$ 个菌体细胞。

2.3 废物发酵生产动物饲料

2.3.1 引言

截至 2019 年 12 月 31 日,全球人口已超过 75 亿,随着食品的短缺,处于营养不良和饥饿的人口将会越来越多。由于一些畜产品如奶、肉、蛋等营养价值很高,因此,增强畜产品生产是十分重要的。在一些发达国家如北美和欧洲对此十分重视,并且通过生物技术的革新已经成功地达到了这个目的。例如:选育优良品种,采用好的管理方法,提高饲料营养,使其能被有效吸收转化等。在亚洲的许多发展中国家和不发达国家,饲料的不足是阻碍畜产品生产的主要因素,据 Devendra 报道,在南亚,许多饲料资源,如一些农作物的秸秆和农业、工业的副产品被作为废物丢弃。

丢弃废物都有一定的经济价值,它们通过作为动物饲料可以转化为有益的产品。将它们可全部或部分再加工制成饲料,从而扩大了有限的饲料资源。人们为了增加农作物的可消化性,采用了各种物理、化学实验方法对其进行处理。生物技术已用这些废弃品经过处理加工生产饲料,如应用酶和微生物可以增加废物中蛋白质的质量和含量,提高碳水化合物的可利用性,消除不利于营养的因子,一些企业还用白色致腐真菌固体发酵木质纤维废料来生产饲料。Hrubant 在 1984 年采用了相同的方法进行农作物秸秆的真菌发酵,以及动物粪便和玉米的乳杆菌和酵母发酵。本小节将对各种废物发酵生产饲料进行总结,其中包括将农作物木质纤维秸秆、农业和工业废料及其他非传统饲料原料如乳清、动物粪便等转化为生物蛋白或单细胞蛋白作为动物饲料。

2.3.2 木质纤维农作物废料的发酵

(1)底物的组成及其消化分解

全世界每年农作物废料的产量大约为 2.1×10^{10} t,其中主要包括谷物的秸秆,如小麦、水稻、大麦、黑麦、燕麦、小米、高粱、玉米的秸秆等,还有其他的废料,如甘蔗渣等。这些废料(也可以称为副产品)大多含有大量的营养和能量,但是,废料的可消化分解性低,即使对反刍动物也是如此,并且其中含有的成分也十分有限。1981 年 Goldstein 指出木质纤维废料大约占农作物的一半,每年的产量为 5×10^{10} t。在亚洲、非洲和南美的发展中国家,这些农作物废料的产量大约占整个世界产量的 60%,是重要的饲料原料。

用于喂养牛等家畜的一些精选纤维饲料中含有粗纤维、纤维素、蛋白质、脂肪和灰分，根据其中的可消化营养成分、可利用能量、可代谢能量以及生长的净损失可以推测饲料的营养价值。虽然这些低质饲料中纤维素的含量较高（40%），蛋白质和脂肪的含量低，灰分含量较高，但是由于这些饲料中有大量的可消化营养成分和可利用能量，通过再处理和有效加工便可使其营养价值增加。

农作物废料中主要成分有细胞壁多糖、半纤维素、纤维素和大分子木质素。多糖占物料干重的 40%～70%，该比例随着植物的成熟也在变化。在表 2.3 中列出了一些废料的组成，其中碳水化合物多以纤维素的形式存在，其余单糖则以半纤维素形式存在。

表 2.3 农作物秸秆的组分

农作物副产物	碳水化合物（干重）含量/%						纤维素含量/%	木质素含量/%	蛋白质含量/%	TDN含量/%
	阿拉伯糖	木糖	甘露糖	半乳糖	葡萄糖	总重				
玉米秆	1.9	15.5	0.6	1.1	37.7	56.8	29.3	3.1	5.5	60
亚麻秆	2.1	10.6	1.3	2.2	34.7	50.9	34.5	—	7.2	41
洋麻秆	1.5	12.8	1.6	1.3	41.4	58.6	41.9	12.3	4.6	
黄豆秆	0.7	13.3	1.7	1.2	43.7	60.6	41.4		5.5	42
甜首蓿	3.2	7.2	1.2	1.7	31.3	44.6	29.8	—	24.7	63
小麦秆	6.2	21.0	0.3	0.6	11.1	39.2	40.2	13.6	3.6	48
水稻秆	—	—	—	—	—	62.0	29.9	7.0	3.8	38

注：TDN 为反刍动物的总的可消化营养物。

半纤维素是由几种类型不同的单糖构成的异质多聚体，这些糖是五碳糖和六碳糖，如木糖、阿拉伯糖、半乳糖等，是较容易利用的碳源和能源，因为其在细胞组织中结合松散，很容易被酸或酶水解，半纤维素大约占废料干重的 35%。戊糖和木糖是其中主要的单糖。半纤维素典型分解形成的糖有 L-阿拉伯糖、己糖、乳糖、麦芽糖。微生物通过对戊糖的利用，将这些农作物废料转化为动物饲料。

纤维素是反刍动物的主要能量的来源，它是由农作物废料中的葡萄糖经 β-1,4 糖苷键聚合而成。原料中结晶状纤维素被木质素聚合体紧紧包裹，木质素的包裹和纤维素的晶状结构使得纤维素很难酶解和酸解。但是，在非晶状组织中少量的纤维素可被酸或纤维酶系水解。

天然农作物废料中的可消化物质较少，为 40%～60%（表 2.3）。但是，反刍动物生长所需的饲料要求可消化物含量为 75%～80%，所以，如果要用农作物废料做饲料，必须对其进行再加工。

（2）工艺

以麦秆或其他农作物废料为原料生产饲料，一般采用真菌的固体发酵工艺。真菌的最初生长是通过利用可溶性糖，并伴有有机物质的消耗，但相关木质系降解酶类对木质素的分解才是废料降解的关键。纤维素部分降解的产物，使木质素-纤维素的复杂结构逐渐解体，最终转化为可消化的碳水化合物，成为反刍动物的饲料。

降解木质素的白色致腐真菌通过接种加入废料中。在接种前必须对原料进行灭菌或巴氏消毒。在室温下真菌降解作用最好，所以，工艺中不需要进行温度控制。菌种可以从上批部分或完全的发酵过程中通过就地保存后再接入下批发酵。1989 年,Singh 等用粪生鬼伞菌对已用尿素氨处理的小麦和水稻的秸秆进行发酵来完成固体发酵。Zadrazil 等总结了用北风菌处理木质素废料(如谷物秸秆)的大型固体发酵工艺。

（3）产品

1977 年,Zadrazil 公布了各种秸秆发酵产品的分析结果,列出了秸秆中的可溶性物质和还原糖的总量。农作物的废料一年能收获一次或两次,并可以储存在塑料发酵容器中,通过灭菌、接种,最终产品是已发酵的废料和真菌菌丝体的混合物。农作物废料用来作为反刍动物的饲料首先要考虑的因素是发酵产物的可消化性。在表 2.4 中列出了各种发酵产物的可消化值。在生产过程中,真菌菌种的选择和接种温度的控制也是很重要的。从表 2.4 中可以看出增加底物混合物并不能增加可消化物质的含量。农作物废料中氮的含量较低,因此,在发酵前或发酵后对原料进行加工是很必要的。在 Karnal 的两段法工艺中,嗜碱粪生鬼伞菌可吸收利用经过尿素处理的小麦和水稻秸秆中释放出的多余的游离氨,因而使得产品中的蛋白质含量增加。用嗜碱菌与尿素共同处理的产品中氨基酸的含量是仅用尿素处理的产品的 5 倍(表2.5),可见产品质量明显提高。Zadrazil 等曾指出:在生物反应器中发酵谷物秸秆时,使用侧耳菌属,可以使产品的可消化物质含量增加,平均增加值为 13.8 个单位(范围为 7.0～18.7)。

表 2.4　用不同真菌和放线菌发酵时小麦秸秆中的 N 含量和可消化能力的变化以及分解量

| 真　菌 | 发　酵 | | 分解物质含量/% | 可溶性物质含量/% | 还原糖含量/% | 可消化能力[a]/% | N 含量/(% DM) |
	温度/℃	时间/d					
球盖菇	30	44	18	19	4.8	14.6	0.56
		79	35	22	4.0	28.6	0.63
		120	60	31	6.0	31.6	1.13
佛罗里达侧耳	25	44	18	17	3.8	5.9	0.56
		79	32	20	3.8	12.0	0.62
		120	43	20	4.0	13.1	0.79
白黄侧耳	22	44	18	15	3.0	−7.4	0.56
		79	30	18	3.3	10.6	0.60
		120	38	20	3.3	17.0	0.71
	30	44	38	19	3.8	−2.2	0.62
		79	48	21	3.5	−1.6	0.65
		120	62	27	4.2	−10.6	1.13
粪生鬼伞菌	37	5				8.3	2.14
普哈哈特属	37	10				12.5	1.39
	30	10				12.1	0.70
深蓝链霉菌	30	10				1.1	0.63
麦秸(未接种)				9.7	2.1		

注:a 未处理秸秆的可消化性为 40%,计算时被定为 0。

表 2.5　未处理的、尿素处理的以及尿素 + 粪生鬼伞菌处理的水稻和小麦秸秆中氨基酸的含量

单位:μmol/g

氨基酸	小麦秸秆			水稻秸秆		
	未处理	4% 尿素处理	真菌处理	未处理	4% 尿素处理	真菌处理
赖氨酸	0.56	2.17	9.73	0.81	1.08	7.24
组氨酸	0.88	0.26	1.34	0.25	0.19	1.09
精氨酸	0.34	1.26	103.53	0.28	0.51	2.12
天冬氨酸	3.78	21.98	89.59	7.22	3.37	89.97
苏氨酸	1.51	5.98	57.42	2.34	9.57	46.42
丝氨酸	1.75	9.98	128.95	3.39	6.00	40.30
谷氨酸	5.99	24.65	171.98	7.38	19.53	170.00
脯氨酸	2.70	4.99	21.01	2.80	2.40	15.95
甘氨酸	3.41	14.88	113.71	7.47	15.78	85.51
丙氨酸	0.68	4.06	22.17	2.68	4.99	33.75
缬氨酸	0.48	2.16	14.13	0.84	0.95	10.22
蛋氨酸	0.24	2.25	20.60	0.68	1.52	22.91
异亮氨酸	0.84	5.04	30.30	0.91	2.53	30.33
亮氨酸	0.47	2.07	17.11	1.07	1.68	13.94
酪氨酸	0.28	0.25	2.36	0.53	0.53	1.72
苯丙氨酸	0.80	1.32	8.42	0.58	2.03	6.03
总　计	24.71	103.3	812.35	39.23	72.66	577.50

(4)发酵反应器

产品发酵可以用塑料袋作为反应器。小捆的稻草秸秆在实验室中被放在塑料袋式反应器中用蒸汽灭菌。生产中可选的反应器很多,有大型塑料管、塑料架、厚木板和沙袋。在温暖环境下,产品可以使用蒸汽巴氏灭菌,也可以使用气态氨作为灭菌剂。气态氨同时又可以作为发酵中的氮源添加剂。在 Karnal 工艺的第一阶段,小麦秸秆在 40% 的水气中用 4% 的尿素处理,再青贮 30 d。第二阶段,秸秆被放入长方形(200 cm×120 cm)的砖槽中接种粪生鬼伞菌进行发酵。

(5)微生物、酶和发酵

微生物中的真菌能降解各种木质纤维原料,白色致腐真菌能够降解纤维素、半纤维素和木质素等主要成分。在对侧孢芽孢杆菌、绿色木霉等菌种的研究中,科学家对它们的产酶作用机理进行了阐述。白色致腐真菌和放线菌对木质素和木质纤维的生物降解能力已有相关报道。研究者已成功进行了菌株杂交,通过杂交提高了真菌利用木质纤维的能力。并且通过基因工程技术对于这些能降解木质纤维的菌株进行改良,这些技术包括原生质体融合技术和 DNA 转化技术等。这些菌株选育技术的应用为进一步进行饲料的生物转化提供了优良理想菌种。用

酶对秸秆进行降解的研究还不广泛,但是人们已经知道用酶处理工艺更容易控制终产物的形成,并且对环境没有污染或者污染很小。饲料的制备中经常应用两种酶,一种是用于水稻秸秆处理的多糖酶;另一种是用于大麦秸秆处理的木质素酶。1991 年,Chesson 曾指出在反刍动物的饲料处理中加入内切酶和多糖酶,可以破坏表皮细胞壁组织,使得微生物最初生长率提高,但对于草料的降解似乎并无促进作用。

发酵的第三步是菌种制备阶段,使菌体在灭过菌的原料中开始生长,再恒温以降解木质素。

在实验室中进行菌体的液体培养,10~20 d 后就可得到大量接种菌体。将灭菌后的原料用两倍其重量的水湿润,将菌丝体在上面培养 30~50 d。菌体培养时,在液体培养基或湿润的原料中添加燕麦或硫酸铵作为氮源,有利于菌体生长。

在灭菌原料中,菌体生长初期的控制是十分重要的一步,因为在菌体周围会存在担子菌的竞争生长。如果条件控制不好,会抑制生产菌的生长。当原料堆装较松,透气性好,并且添加了氮源,接种的菌体就会快速生长。如果原料灭菌时使用了气态氨,则要用醋来中和并给湿润的原料通风,以保持菌体的生长。在添加氮源的秸秆发酵的 1~20 d,糙皮侧耳菌能吸收利用溶解的物质,并可以降解 1/3 的半纤维素以及 1/10 的木质素和纤维素,但是,纤维素酶对剩余物质却无能为力。

连续 3 周左右的培养,可以分离得到更多的能降解木质纤维的菌体。此时,还可以分离到竞争生长的担子菌。在利用糙皮侧耳菌对小麦的发酵中,1~15 d 还原糖含量恒定,但以后的发酵中还原糖含量增至以前的 2~3 倍。由于木质素的降解,使得葡萄糖或纤维素的含量增加,经糙皮侧耳菌 50 d 的发酵,小麦秸秆中还残留 1/5 的半纤维素、2/3 的木质素和 3/4 的纤维素,但有 72% 的纤维素可以在纤维素酶的进一步作用下转化为葡萄糖。

在利用粪生鬼伞菌发酵原料时,原料中原有的微生物(细菌、真菌、放线菌)数量会有减少。在固体发酵的真菌中,粪生鬼伞菌占 65%,其他真菌有毛霉(15%),曲霉(7.5%),犁头霉(5%)、酵母(2.5%)和青霉菌(2.5%)。

(6)动物饲料

科学家通过对兔、羊和小牛的喂养结果,评价用 Karnal 工艺发酵的谷物秸秆饲料价值。在实验中,9 只成年母兔被分为 3 组,分别喂给不同的食物(130 g 同种浓缩基本食物与 20 g 不同种实验用饲料相混合)。基本食物成分有:小麦面粉 62%,孟加拉鹰嘴豆 28%,酪蛋白 1%,花生油 5%,盐混合物 2% 和氯化维生素 B 0.2%。3 种不同的实验饲料为:4% 尿素处理的水稻秸秆(A)、两段工艺粪生鬼伞菌处理的水稻秸秆(B)、不经处理的水稻秸秆(C)。3 组兔子被喂养了 3 个月后,进行了 5 d 的代谢检测。3 组兔子对于干物质(DM)和有机物质(OM)的消耗基本相同,但是,兔子对 A 中 OM 的消化能力比 B 强(表 2.6),而对于粗蛋白的消化和氮的吸收则基本相同。实验完毕后,兔子窒息而死,然后收集不同的组织器官用于毒理检测。检测结果表明粪生鬼伞菌是无毒生物,利用此菌体进行(karnal)两段式工艺生产的饲料对家畜是安全的。

表 2.6　在尿素处理、真菌处理和未处理的水稻秸秆兔子饲料中的干物质(DM)、
有机物质(OM)和粗蛋白(CP)的吸收、消化以及氮平衡

项　目	尿素处理(A 组:$n=3$)	真菌处理(B 组:$n=3$)	未处理(C 组:$n=3$)
体重[a]/kg	2.055 ± 0.11	2.221 ± 0.03	1.944 ± 0.10
DM 吸收/$(g \cdot d^{-1})$	42.60 ± 1.00	44.62 ± 3.41	37.96 ± 1.07
DM 吸收/$(g \cdot kg^{-1})$	20.83 ± 0.99	19.98 ± 1.17	19.66 ± 1.22
OM 吸收/$(g \cdot d^{-1})$	38.43 ± 0.90	37.06 ± 3.09	34.98 ± 0.42
OM 吸收/$(g \cdot kg^{-1})$	18.83 ± 0.93	18.15 ± 1.12	18.11 ± 1.17
CP 吸收/$(g \cdot d^{-1})$	6.28 ± 0.15	6.96 ± 0.54	5.47 ± 0.07
CP 吸收/$(g \cdot kg^{-1})$	3.01 ± 0.09	3.13 ± 0.20	2.88 ± 0.13
可消化量/%			
DM	86.84 ± 1.75	81.44 ± 0.58	86.39 ± 1.27
OM	$88.37^{b} \pm 1.61$	$82.47^{b} \pm 0.36$	$87.40^{b,c} \pm 1.05$
CP	79.86 ± 2.32	73.6 ± 1.45	84.30 ± 1.36
氮平衡/$(g \cdot d^{-1})$			
氮吸收	1.005 ± 0.02	1.110 ± 0.08	0.872 ± 0.01
排泄物/$(g \cdot d^{-1})$			
粪便	0.202 ± 0.02	0.224 ± 0.04	0.137 ± 0.01
尿	0.165 ± 0.02	0.133 ± 0.01	0.145 ± 0.02
氮平衡	0.638 ± 0.04	0.753 ± 0.07	0.588 ± 0.02
氮保留/(%,可消化氮)	79.29 ± 2.41	83.69 ± 1.23	80.06 ± 3.02

注:a 初始体重 2.28 ± 0.07 kg。

　　b,c 不同上标表示不同重要性:$P<0.05$。

　　资料摘自 Singh 和 Gupta(1993)。

　　上述实验中饲料 A、B 都是 karnal 用两段式工艺生产,科学家使用 Tilley 和 Terry 的方法对 3 种饲料的干物质和有机物质的消化性作了比较。A 中的干物质和有机物质的可消化性明显高于 B 饲料,并且二者都明显高于 C 饲料。在对山羊的喂养实验中,不论是用尿素处理的饲料(UTRS)还是用真菌处理的饲料(FTRS)作为唯一食物,山羊对干物质的吸收能力都很强。但是,就总的可消化营养物质而言,FTRS(38.38%)比 UTRS(51.28%)低。加入 10% 的糖蜜后,就干物质吸收能力而言,FTRS(35.4 g/kg 体重)比 UTRS(21.5 g/kg 体重)高。用 FTRS 喂养的山羊比用 UTRS 喂养的山羊对有机物质的吸收能力强。FTRS 和 UTRS 的粗蛋白含量分别为 8.57% 和 7.15%。加入糖蜜后的 FTRS 和 UTRS 中可消化干物质含量分别为 62.02% 和 56.52%。

2.3.3　用乳酸杆菌和酵母菌发酵动物粪便与玉米的混合饲料

（1）原料

动物粪便为发酵生产动物饲料提供了良好的原料,它可以作为饲料中的氮源。只要使用适当,动物粪便不会减弱饲料的可吸收性和可消化性。

通过对猪和牛的粪便分析发现,它们是供乳酸杆菌和酵母菌繁殖的完全培养基。表2.7中列出了分析结果。在粪便中,氮的存在形式很多,如氨、游离氨基酸和蛋白质。在牛粪中氨基酸含量占干物质的1/10。随着粪便的老化,大约20%的氨基酸被降解。在氨基酸中,谷氨酸和丙氨酸的含量最多;其次是赖氨酸、蛋氨酸和胱氨酸,这些氨基酸是普通的谷物饲料——玉米所不能提供的。在牛粪的干物质中脂肪含量为7%,随着粪便的老化,这些脂肪大约有1/2会损失掉,其中大多为挥发性脂肪酸。非饱和 C_{18} 脂肪酸可以满足或者刺激乳酸杆菌的生长,挥发性脂肪酸可以为酵母的增殖提供营养。粪便中含有的可溶性碳水化合物中有1/2为葡萄糖,1/2为寡糖,它们都为微生物的生长提供足够的能量。由此可见,尽管在发酵中会发生谷物淀粉的水解,但这几乎是不需要的。

表 2.7　牛和猪粪便的化学组分

单位:mg/g(干重)

分　析	牛粪便	猪粪便	分　析	牛粪便	猪粪便
粪便			含氮化合物		
固体总重量[a]	468	315	凯氏总氮	28.53	38.56
挥发性固体	688	773	非蛋白质		
灰分	312	173	亚硝酸盐	ND[b]	ND
分离物(/g 粪便总量)			硝酸盐	ND	ND
纤维组织	550	454	氨	2.18	3.47
微粒组织	315	463	尿素	0.04	0.01
可溶性组织	134	83	总氨基酸	101.16	151.49
碳水化合物			谷氨酸	18.42	23.61
纤维素	164.4	166.1	丙氨酸	13.14	13.22
半纤维素	28.9	34.9	赖氨酸	5.44	8.24
木质素	65.7	16.0	蛋氨酸	3.28	3.47
可溶性糖	13.2	14.4	胱氨酸	0.40	0.45
脂肪			游离氨基酸	8.29	10.01
总量	71.77	168.46	谷氨酸	0.71	1.12
中性脂肪酸总量	26.78	127.72	丙氨酸	4.48	2.22
硬脂酸	14.85	72.40	赖氨酸	0.13	0.61
非饱和 C_{18} 脂肪酸	1.03	9.43	蛋氨酸	0.12	0.35
挥发性脂肪酸	45.00	40.74	胱氨酸	ND	ND

注:a. 即固体总量,单位为 mg/g 湿重。

　　b. ND 未检测。

　　c. 资料摘自 Hrubant(1984)。

（2）工艺

废物发酵生产是采用将牛粪浆和碎玉米混合进行固体发酵。工艺中没有灭菌过程，将粪便集中后用水稀释成浆（FLW），其中固体成分占 14% ~16%。再将 FLW 与碎玉米（干物质含量 85% ~90%）以大约 5∶8 的比例混合于容器中，以 0.5 ~0.6 r/min 转速搅拌，使黏浆包裹在碎玉米的表面。发酵是在黏浆液中进行，玉米仅作为发酵的载体而不是底物。在新鲜黏浆液中接种发酵的菌体，操作温度为 25 ~40 ℃。

发酵过程可以分批进行也可连续进行。分批发酵一般在 36 ~48 h 内完成，但也可延长至 72 h，以除去蛋白病原体。分批发酵可以是半连续发酵过程，也就是将上一批发酵物的 10% 留下来作为下一批的种子。这样可以使活性乳酸杆菌和酵母菌保存下来，特别是以实验室中选育的菌种作为原始种子时，作用效果明显提高。

连续发酵是在三槽式反应器的第一个槽中开始进行，在这个槽中大约需要 42 h。每 30 ~60 min 添加一次玉米和黏浆，36 h 的总添加量是一个反应槽中的全部发酵物。玉米和黏浆连续发酵的平均滞留时间为 4.5 d。发酵开始 5 d，饲料将不断产出。发酵开始 5 ~10 d 后，乳杆菌和酵母菌的数目将保持不变，以后也一直维持不变。在连续和分批发酵中，最终的 pH 值都为 4.0 ~4.2，产品中水分含量为 45%。通过观察、触摸和闻气味来控制调节发酵过程。当控制适当时，被黏浆包裹的玉米粒单独存在或粘成小球。若聚成大团则可能是由于水分过多或 FLW 混合不完全造成的。当用手抓起一把发酵中的饲料挤捏时，感觉应该只是润湿的，而并非湿乎乎的。发酵时的气味很像青料的气味，并混有醋酸的醋味和乳酸的辛辣味。有时，可以闻到酵母生产的淡淡的水果酯香味。FLW 中接种 24 h 以后，牛粪的恶臭味就会消失。如果使用猪粪做原料，恶臭味的存在时间则较长。

（3）产品

发酵产品中氨基酸的含量比未经发酵的玉米中的含量要高 18%，总氮也增长 12%。表 2.8 中列出了发酵产品和未发酵玉米的成分比较。表中的数值是玉米和过滤后的粪便黏浆（FLW）（去除纤维）均匀混合后，在室温 35 ~37 ℃条件下分批发酵 36 h 后测定的发酵产品的成分。产品中灰分的含量为 2% ~3%，大约为玉米原料的 2 倍。发酵产品中酸含量为 0.1 meq/g（湿重）[0.17 meg/g（干重）]。主要酸的含量分别为：乳酸为 71%；醋酸为 18%；n-丁酸为 4%；丙酸为 3%。

表 2.8 玉米和分批发酵玉米——FLW 产物的部分氨基酸含量

氨基酸	未发酵玉米	发酵产品	氨基酸	未发酵玉米	发酵产品
谷氨酸含量/（mg·g⁻¹）	15.9	18.4	氨含量/（mg·g⁻¹）	3.3	3.8
丙氨酸含量/（mg·g⁻¹）	6.4	8.0	氮含量/%	1.54	1.73
赖氨酸含量/（mg·g⁻¹）	2.5	3.3	氨基酸含量/%	7.19	8.51
半胱氨酸含量/（mg·g⁻¹）	1.3	1.6	回收 N 量/%	89.8	94.4
蛋氨酸含量/（mg·g⁻¹）	2.0	2.7			

发酵后的产品可直接作为饲料喂养动物。FW-玉米混合物的水分含量较高，但是该饲料不需要进行干燥处理，因为干燥过程会造成挥发性酸的损失，饲料会变得不可口。

（4）发酵反应器

发酵所需的反应器较小。粪浆的储存容器和发酵容器都应是塑料或防酸金属的。为保证物料混合均匀,发酵混合容器中需要有挡板。反应器所用的发动机应有减速调节器,用来调节发酵器的转速,一般为 $0.5 \sim 0.6$ r/min。水泥槽内部涂一层环氧涂料后,就可成为很好的分批发酵槽。发酵槽中装料至 1/2 时,将发酵槽倾斜 $40°$,以保证发酵物的充分混合。

连续发酵采用 3 个桶式容器,彼此首尾相连。桶内安装有挡板(倾角为 $30°$),以保证每个桶中发酵物混合均匀。反应器中部开有小门,直径为桶径的 $1/4 \sim 1/3$,粪浆和玉米的混合物可由此通入反应器中。在小门的下部安装有截流装置以防止产生逆流。发酵混合器的体积为反应器体积的 1/3。3 个反应器在与平行驱动轴相连的旋转器上旋转。在美国的伊利诺伊大学已经建成了一个实验规模的牛饲料生产反应器。此发酵设备由 3 个 468 L 的玻璃纤维罐相黏在一起组成。粉碎的玉米经螺旋运输机加入一个罐的底部,同时 FLW 从泥浆罐经过管道进入罐底,两者均匀混合。混合器间歇工作,从而防止黏浆静止。安装定时器以控制粪便和玉米的间歇添加。

(5)发酵微生物学

废物发酵过程很容易操作,但其中的微生物系统是复杂的。在 FLW 和玉米混合物发酵的最初 2 d 内,微生物数量增加很快;在以后的 5 d 内以及连续发酵时期,微生物的数量则保持不变,分批发酵中原料本身固有的细菌和粪链球菌很快就会消失。24 h 以内乳酸菌就成为主要的微生物,此时,酵母菌增殖较慢,数量仅为总量的 10%。生产中这些微生物的数量变化是很复杂的。1984 年,Hrubant 对乳酸杆菌的不同菌种和酵母菌的数量变化作了描述。开始时,发酵乳杆菌占乳杆菌的 2/3,布氏乳杆菌、植物乳杆菌和干酪乳杆菌各占 $5\% \sim 10\%$。酵母菌鞭毛孢子菌和克鲁丝假斯酵母的数量较少。

在 6 h 的生长滞后期内,布氏乳杆菌代替植物乳杆菌成为主要的乳杆菌,干酪乳杆菌的数目增加为总数的 18%。在对数生长期($6 \sim 24$ h)里,布氏乳杆菌成为主要微生物,占乳杆菌的 95%,发酵乳杆菌和干酪乳杆菌则消失。同型发酵可能使皮状丝孢酵母菌死亡,粪生鬼伞菌则增至酵母总数的 95%。

48 h 时间阶段确保了乳酸菌和酵母菌的数量。尽管乳酸菌的总数会保持恒定,但其中各菌种数量有相应的变化:其中同型乳酸发酵菌布氏乳杆菌的数量降为总数的 1/5;链球菌和植物乳杆菌的数量增至总数的 1/3,为最多的乳酸菌。这一阶段还会出现两种新的同型乳酸发酵菌,即干酪乳杆菌和德氏乳杆菌,分别占总数的 10% 和 20%。此时的酵母菌处于对数生长期,总数可达 9.5×10^7 个/g(湿重)。克鲁丝假斯酵母降至总酵母数的 2/3,同时有两种新的菌种出现:即膜醭毕赤酵母和粗壮假丝酵母。

在恒温发酵的最后 72 h 中,微生物的总数是恒定的。乳杆菌的组成为:植物乳杆菌、德氏乳杆菌、布氏乳杆菌的比例为 $3:2:1$。酵母菌组成为:克鲁丝假斯酵母、粗壮假斯酵母、膜醭毕赤酵母的比例为 $2:1:1$。

连续发酵是在反应器第 1 个桶中进行 $42 \sim 48$ h 的;分批发酵开始是当 pH 值达到 4.2 时,开始添加 FLW 和玉米原料,以后的 $5 \sim 10$ d 内,乳杆菌和酵母菌的数量保持不变。乳杆菌的数量在发酵期间 3 个反应器中保持为 10^{10} 个/g(湿重)。在第一个反应器中酵母菌的数量保持为 2×10^8 个/g(湿重),而在发酵产品中为 1/4。

尽管新鲜黏浆和玉米的添加不会影响酵母和乳杆菌的数量,但是每一个反应器中的大肠菌群数量以及酸的含量是不同的。在连续发酵中,3 个反应器中的 pH 值是不同的,分别为 4.5(进口)、4.2、4.0(出口)。在第一个反应器中,大肠菌群的数量为 1 000 个/g(湿重),大约有 10% 的菌被带入第 2 个反应器中,第 3 个反应器中和产品中则没有发现大肠菌群。

连续发酵可能会使降解淀粉的乳酸杆菌的数量增加。这些乳酸菌在高能饲料喂养的牛的粪便中含量较少。如果在制备饲料的工艺中每 36 h 得到的产量为第 1 个反应器的容量,那么反应器中的可降解淀粉的乳酸菌的数量可能是粪便中含量的 2~3 倍。如果原料添加速度增为原来的 2 倍,那么反应器中可降解淀粉的乳酸菌的数量与粪便中相同。

但是,生产中并不希望进料速度增加。因为这样虽然可以使乳酸菌和酵母菌的数量增多,但整个反应器中的 pH 值轻微上升,在发酵产品中的 pH 值为 4.3。由于发酵产品在反应器中的停留时间较短,pH 值较高,产品中的大肠菌群的含量会增加为 1 000 个/g(湿重)。

（6）动物喂养实验

在动物喂养实验中,研究者用玉米/粪料的发酵饲料喂养牧场的母牛,时间为 79 d。他们将母牛分为两个栏圈分别喂养,每个圈栏中有 7 头昂古斯牛(平均质量约 4.104 kg)。一个栏圈中喂养调节饲料,另一个喂养玉米粪料发酵饲料。调节饲料由 10.0% 的燕麦,10.0% 的黄豆和 80.0% 的玉米组成,此外还含有 11% 的粗蛋白,0.4% 的钙,0.3% 的磷等微量元素以及维生素和盐,以满足动物生长所需。发酵饲料由 5.0% 的燕麦,5.0% 的黄豆,11.0% 的粪料和79.0% 的玉米组成。食用发酵饲料的牛比食用调节饲料的牛每天的增重量多 0.211 b(95 g)。二者每天的增重比为 2.631∶2.411。发酵饲料的每天吸收量比为 19.41 b,调节饲料为 17.71 b。综合以上结果,二者最终的喂养效果值相似,发酵饲料∶调节饲料为 7.38∶7.33。由此可知,玉米粪料的发酵饲料完全可以代替含有蛋白质、矿物质和草料的完全调节饲料。

研究者又进行了一个扩大实验,结果表明玉米粪料的发酵饲料可以作为小母牛妊娠期的食物。在这个喂养实验中,发酵饲料中添加了尿素和维生素、矿物质,以满足 11% 的粗蛋白、维生素和矿物质的需要。将发酵饲料与青料混合喂养,以满足反刍动物对粗饲料的需要。

（7）发酵的控制

研究者在动物饲料的实验生产中使用了实验室制得的发酵种子。从牛粪中选育的乳杆菌和酵母菌具有水解淀粉、分泌赖氨酸、半胱氨酸和蛋氨酸的能力,但氨基酸的分泌量较少。种子中选用的酵母可以利用乳酸和醋酸作为碳源,利用尿素和氨作为氮源。研究者在实验生产中将 pH 值控制在 4.2。种子中 4 种乳杆菌对抗生素的忍耐性都较高。

在第一次喂养实验中,研究者在分批发酵的初期添加了大量的种子。分批发酵 42 h 后,再采用连续发酵,在连续发酵中间歇添加玉米和粪料黏浆,但不再额外添加种子。在分批发酵结束时,加入的种子中有 80% 的乳杆菌具有耐抗生素的特性。同时,牛粪中 4% 的微生物带有实验标记。7 周后,研究者对用实验生产的饲料喂养的动物粪便做了分析,其中 23% 的乳杆菌与加入发酵中的种子相似。

由上面的实验得知,使用实验选育的菌种来控制发酵是可行的。生产中先在少量的分批发酵物中添加选育的菌种,使其与原料中所带有的菌种竞争,从而成为主要的微生物;然后逐渐增加分批发酵的原料用量。实验选育的乳杆菌可以在反刍动物的肠道中生长繁殖。因此,这些微生物产生的有益营养的因子不限于短暂的发酵过程中,其有益性可以延长。

遗憾的是,在 Hrubant 的总结中我们并没有看到有关这一技术的应用方面的报道。

2.3.4　其他生物的粪便以及其他废料的发酵

（1）猪粪的固体发酵

猪粪一般很少用于家禽和猪的饲料生产,因为其中的可利用成分较少。1977 年,Smith 提出:在猪粪中粗蛋白的含量占干物质的 22%,且其粗蛋白比大麦蛋白和可消化蛋白中所含有的赖氨酸、苏氨酸和异亮氨酸要来得多。1995年,Iniguez等使用实验用圆柱形旋转发酵设备(体积为3.41 m³)固体发酵猪粪与磨碎高粱的混合物来生产饲料。原料在发酵容器中保存4.5 d后,粪便中的大肠菌群将全部死亡。将发酵产品与猪食相混合就成为猪的美味食品。1995年,Iniguez等报道了一个使用猪粪固体发酵的饲料饲养4 000头猪的饲养厂。这家工厂中有64.4%的固体饲料可循环使用,可节省16.5%的高粱。但是,猪粪在反刍动物的饲料生产中的应用还需进一步研究。

生产用的猪粪经机械筛滤,然后再去发酵。猪粪要储存在密封的仓筒中发酵6周,然后再与小麦秸秆和甘蔗糖蜜相混合用做饲料。

(2)家禽粪料的生物转化

家禽粪料中含有不可消化物质、代谢分泌物和一些残余物质,需要经适当处理才可用于饲料生产。1994年,El Boushy和Van der Poel总结了将家禽粪料放在笼层中进行生物转化的各种方法。这些方法有使用马蝇的幼虫,蚯蚓,家禽粪料的好氧发酵,家禽粪料的氧化处理;家禽粪料的藻类生长。

家禽粪料通过好氧发酵使尿酸中的非蛋白氮转化为无毒形式,可以被好氧菌利用形成多细胞或单细胞蛋白。1979年,Schuler等开发了将家禽粪料转化为高蛋白饲料的工艺。生产中得到的氧化沟混合液的营养价值很高,蛋白质含量为25%~50%,主要氨基酸的含量也很高。但是,由于无机盐的含量较高使得产品中能量较低。藻类可以将动物和家禽粪便中的氮转化为蛋白质,人们已将其应用于家畜饲料的生产。固体家禽粪料中的脂肪和淀粉的转化可通过膜孢酵母发酵和酶水解作用以及啤酒酵母发酵(每消耗1 g淀粉生产0.27~0.39 g细胞)完成。

(3)酵母和细菌的乳清发酵

由于乳清中的乳糖含量较高,以及有关乳制品加工中废水处理的严格规定,这些使得乳清的生物处理更加重要。乳清发酵中成功运用了酵母的乳糖发酵原理。人们通过实验和动物喂养分析了一些微生物蛋白的营养成分。细菌蛋白中的含硫氨基酸的含量低于酵母蛋白,由于酵母中蛋白质含量高,被称为"天然的蛋白浓缩物",副产品乳清经脆壁酵母和脆壁克鲁维酵母发酵成为有用的高营养产品。

现代技术已可以将发酵和浓缩的乳清透析液转化为反刍动物的饲料,也就是发酵氨化浓缩乳清透析液(FACWP)。这一产品中含有乳酸氨或醋酸氨,并富含矿物质,为微生物蛋白质的合成提供碳源。1992年,Marcoux等提出,使用发酵技术可以生产得到两种形式的FACWP。AL类型的FACWP的生产中使用了瑞士乳杆菌和唾液嗜热链球菌的混合菌种,而AP类型的FACWP的生产中使用了谢氏丙酸杆菌菌体。这两种类型的FACWP都是喂养绵羊的好饲料。

在提取乳清蛋白中所得到的副产品是良好的发酵原料,通过生物技术将其生物转化为有营养价值的物质。在法国,用乳清透析液工业生产酵母已有若干年的历史。

(4)废水的藻类发酵

藻类可以为废水处理提供有效的方法,也就是作为三次生物处理来去除废水中的无机养料,如氮和磷。这些无机物质被转化为有价值的生物体。在处理下水道中的废水和工业废水时,藻类和细菌利用有机和无机物质构成共生的营养循环,使废水得到有效处理。由藻类、细菌和浮游生物所形成的混合物经过干燥后可以作为动物饲料。废水工厂处理的废水和动物粪便厌氧发酵物是微藻类和蓝藻细菌生长的最好底物。淀粉、乳品、甘蔗、棕榈油生产中排放的废水经过适当稀释后也可供微藻类和蓝藻细菌生长。在乳酪生产工厂的废水中,鲸氏席蓝细菌生长旺盛,对营养的吸收能力强,这种蓝藻细菌更适用于 3 次废水处理。

2.3.5 结论

本小节中所讲述的发酵方法可相互补充。真菌-秸秆发酵为反刍动物提供了高碳含量的粗制草料。乳酸菌和酵母菌发酵,猪粪高粱粉发酵以及家禽粪料发酵和其他废料发酵,都为反刍动物提供了高能量、高氮源饲料。细菌和酵母的乳品发酵以及废水的藻类发酵所生产的单细胞蛋白产品都可用做饲料。

发酵的成功与否取决于所采用的条件。生物技术领域中的菌种选育和遗传杂交技术可用来改良发酵菌种。对于本小节中提到的一些废物以及其他一些废物的利用都有待于进一步的研究和探索。

2.4 可可豆、咖啡和茶叶

2.4.1 引言

可可豆、咖啡和茶是 3 种不同的植物,但它们有一个共同点,就是三者都具有独特的风味,并含有咖啡因和一些有轻微刺激性的类似物质,因而受到广泛的欢迎。

这三种农产品在收获后要立即加工以保持其独特的风味。风味主要来自各种酶对多酚、蛋白质和碳水化合物的作用。与其他发酵产品不同的是它们的酶主要来自自身。在可可豆中,微生物的作用就是去除包裹在种子外部的果肉。微生物的作用可以使可可豆死亡,从而为风味物质前体的产生创造条件。对于咖啡,微生物的作用是在加工过程中去除果肉。茶叶中的风味物质的形成则根本不需要微生物的参与。在这 3 种农产品中,微生物都不直接参与风味物质的形成。

2.4.2 可可豆

(1)背景

可可产于南美和中美,早在公元 600 年时,玛雅人和阿兹特克人就开始种植可可。可可豆的价值很高,被用作香料或制备饮料。1528 年,西班牙人将可可带入欧洲,随后,可可便在欧洲其他国家流传开来。1828 年 Van Houten 使用水解工艺去除可可豆中的一些脂肪,将其制成了可可奶油,从而促进了以后巧克力的生产。1876 年,瑞士的 Peters 将牛奶加入可可油中制成了牛奶巧克力。

全世界每年的可可产量为 2.7×10^6 t,其中科特迪瓦的产量就占了 40%,其他主要产地为加纳、印度尼西亚、巴西和马来西亚。主要的可可食品加工国为荷兰、美国、德国、巴西和英国。

(2)可可的品种和种植

可可是一种低矮树木,常生长于亚马孙河流域的常绿雨林中。可可的品种很多,通常分为 3 类:Forastero、Trinitario 和 Crillo。Trinitario 可能是 Forastero 和 Criollo 的杂交品种。可可的风味主要取决于品种及其遗传特性。

Forastero 可可常用于牛奶巧克力、可可油和可可粉的生产,它占可可总产量的 95%。Criollo(淡棕色)和 Trinitario 都是优质可可,它们用于黑色纯巧克力的生产,因为它们具有独特的风味和颜色。优质可可要价可以高出成本价 100%,其产量占总量的 5%。与其他植物一样,杂交繁殖可以增加可可的品种。一些较早结果、产量较好和抗病虫害的品种经常用来杂交,获得优质品种。

可可常生长于赤道南纬或北纬 20° 范围内,这些地区的降水量通常为 1 000 ~ 4 000 mm(1 500 ~ 2 500 mm 较适合)。雨水的分布对于可可的生长起到很重要的作用,特别是在旱季节(3 个月,每月最小降雨量为 100 mm)。过多的降雨量会使真菌繁殖,土壤中的养料大量流失。在可可生长的地方大都相对潮湿,温度为 18 ~ 32 ℃,可可生长的最低温度为 10 ℃。可可生长的土壤类型很广、土层较深(大约 1.5 m 或更深)、排水性好、pH 值为 5 ~ 7.5。

可可的种植密度通常为(600 ~ 1 200)棵/hm²,可可树在 2 ~ 3 年就可结果,它们的经济寿命大约为 25 年或更多。大约 90% 的可可树是由小农户种植,可可的产量由西非小农户的 250 kg/(hm²·g)到大农场的 2 500 kg/(hm²·g)不等。

病虫害引起的产量损失为 20% ~ 30%。可可主要的病虫害有:

①由真菌毛皮伞菌属引起的一种扫帚病。能够引起树木上生长一些多余的称为"扫帚"的物质,从而使花和豆荚也被感染。这种病多发于中南美地区。

②由真菌疫霉感染豆荚引起的黑豆荚病。感染后,豆荚呈黑色和棕色,可可豆变软。这种病较普遍,在西非一些国家最为严重。

③盲蝽是吮吸树汁的昆虫。可可树生长的地区有很多种这样的昆虫。这种虫害会感染真菌,使树干和豆荚腐烂。

④可可肿胀破裂病毒,常见于西非。它通过鱼鳞似的虫害在树木之间传播。树木一旦感染了这种病毒就会死亡。

⑤可可豆荚钻孔虫,常见于东南亚。这种蛀虫将它的卵产于成长中的豆荚中,幼虫孵化后,在豆荚中蛀洞破坏可可豆的生长。

(3)收获

可可树终年开花,而每隔 6 个月结果,所以一年可收获两次。可可的豆荚生长于树干和树枝,豆荚经 5 ~ 6 个月就可成熟,一般呈黄色或橘红色。收获时可使用头部装有砍刀、剪刀或刀片的长竿将豆荚砍下。收获时间取决于树木的生长和病虫害情况,一般为 1 ~ 4 周。在收获的当天或几天后,将豆荚剥开收集可可豆到所需的数量。每个豆荚中含有 35 ~ 45 个可可豆,取出新鲜的豆粒,并将包衣除去,此时的可可豆外层有甜果肉包裹。

收获过程对可可豆质量的影响非常大,可能会使可可豆的风味降低,但可可豆的风味主要是由品种和遗传基因所决定的。

(4)工艺

1)发酵

可可的发酵在不同地区所用的方法也不相同。可可豆通常堆放在香蕉叶上或木箱中,上部覆盖有树叶或黄麻袋。发酵所用的可可豆一般为 25 kg,有时大量的生产也可达到 2 500 kg。堆放的表面积与体积的比值是影响通风的重要因素。箱子中可可豆的堆放高度不超过 50 cm。根据可可豆的品种和生产情况的不同,发酵时间在 2 ~ 8 d,大多为 5 d。在此期间,可可豆外部的果肉被微生物发酵。生产中豆粒每天被翻动一次。

2)干燥

人们搭建水泥平台或铺垫草席,然后在上面将可可豆铺成薄层,在阳光下干燥。利用太阳干燥要 5 ~ 10 d,时间过长会引起霉菌感染和腐败。有时,阳光干燥并不可行,人们又采用了机械干燥。机械干燥需要燃料(如柴油、木头)、换热器和热空气循环设备。热空气温度必须低于 70 ℃,并且要小心操作以免烟气中的腐败菌感染可可豆。在干燥过程中,风味前体物质逐渐形成。干燥速度过快会导致发酵中进行的生化反应过早终止。

可可豆干燥到水分含量为 7% 为止,这样可以防止霉菌感染豆粒。

3)分级和储存

可可豆通常经筛滤或人工挑选,去除杂质和次品。可可豆按大小来分级,一级可可豆每个质量 1 g 或更重。来自不同发酵方法和不同种植园的可可豆要混合起来以保证产品有稳定的组成。可可通常用黄麻袋包装,每袋装 62.5 kg 可可豆。在潮湿环境中,干燥的可可豆会吸收水分,可可的产地常常会出现这种现象。在适当的条件下,可可豆可储存几年且保证质量不变。

(5)微生物和生化方面

1996 年,Schwan 对可可豆生产中的微生物及生化方面做了总结。

1)微生物的来源

当可可豆从豆荚中取出时果肉就被环境中的各种微生物所感染。研究者在特立尼达的两个可可庄园对各种微生物来源进行了研究。他们研究了豆荚的表皮、工人的手、用于打开豆荚的工具、果蝇和发酵箱边的干果肉。他们发现在果肉发酵中的主要微生物有以下几种:醋酸菌、好氧细菌、结核细菌、固氮菌、芽孢杆菌、纤维单胞菌、棒状杆菌、欧文氏菌、大肠杆菌、乳杆菌、微球菌、四联球菌、丙酸菌、假单胞菌、八叠球菌、沙雷氏菌、葡萄球菌、链球菌、发酵单胞菌和酵母菌。

发酵过程可以分为 3 个阶段。其实,各阶段之间是相互交叠的,每一个阶段的相对重要性随着地区和发酵技术的不同而变化。

在发酵初期的 24 ~ 36 h 内,微生物的总数呈现上升趋势,以后则相对稳定或逐渐减少。1973 年,Keeney 和 Ostovar 记录的微生物数量为 $10^5 ~ 10^6$ 个/g。其他研究者所记录的数量更高。

2)第 1 阶段:厌氧酵母

在发酵初期的 24 ~ 36 h 内,在氧含量较低和 pH 值低于 4 的条件下,碳水化合物被酵母转化为酒精。表 2.9 中列出了在可可豆发酵中分离得到的酵母。一些酵母产生果胶酶,降解果肉的细胞壁。这会导致果浆流出,豆粒间形成的空间使空气进入。在特立尼达的可可豆生产中,研究者分离到了运动发酵单胞菌,它也可将碳水化合物转化为乙醇。

表 2.9　从各种可可中分离得到的酵母

酵　母	发酵能力	非　洲	马来西亚	酵　母	发酵能力	非　洲	马来西亚
汉逊酵母	+	有	有	裂殖酵母	+	有	没有
克勒克酵母	+	有	有	复膜孢酵母	±	有	没有
酿酒酵母	+	有	有	红酵母	−	没有	有
假丝酵母	±	有	有	德巴利酵母	弱	没有	有
毕赤酵母	弱	有	没有	孢汉逊酵母	+	没有	有

注: + ,阳性反应;± ,一些菌种为阳性;− ,阴性。

在发酵的第2天,由于醋酸和乙醇的生成,可可豆就会死亡。发酵中温度的升高对可可豆的影响不大。豆粒的死亡是巧克力风味物质前体形成的先决条件。

3)第2阶段:乳酸菌

在发酵初期,尽管酵母菌是主要的微生物,但也有乳酸菌生长。随着发酵过程中乙醇浓度的增加、pH值的上升和氧含量的增加,酵母菌的生长受到抑制。在48~96 h内,发酵条件的变化较适合于乳酸菌的生长,使其成为主要的微生物。在表2.10中列出了发酵中主要的乳杆菌。1973年,Ostovar和Keeney分离得到的主要菌种有:发酵乳杆菌、嗜酸乳杆菌、保加利亚乳细菌和乳酸乳杆菌。乳酸菌可将许多碳水化合物和有机酸(如柠檬酸和苹果酸)转化为乳酸和乙酸,不同种的乳杆菌可将碳水化合物和有机酸转化为乙酸、乙醇和CO_2。

表2.10 非洲和马来西亚果实中的乳酸菌

非　洲	马来西亚	非　洲	马来西亚
植物乳杆菌	植物乳杆菌	发酵乳杆菌	—
马里乳杆菌	丘状菌落乳杆菌	未鉴定菌株	未鉴定菌株(比非洲的果实中多)
丘状菌落乳杆菌	丘状菌落乳杆菌		

4)第3阶段:醋酸菌

醋酸菌在发酵早期就开始生长直至发酵结束为止。随着发酵过程中通风量的增加,醋酸菌成为主要的微生物。它可以将乙醇转化为醋酸。此放热反应可引起温度的升高,一般可达50 ℃,有时会更高。在表2.11中列出了醋酸菌的主要菌种。1973年,Ostovar和Keeney在特立尼达的可可豆发酵中分离得到产醋醋杆菌、玫瑰色醋杆菌和氧化葡糖杆菌。

表2.11 非洲和马来西亚果实中的醋酸菌

非　洲	马来西亚	非　洲	马来西亚
恶臭醋杆菌	恶臭醋杆菌	—	罗旺醋杆菌
木醋杆菌	木醋杆菌	氧化葡萄杆菌	氧化葡糖杆菌
攀膜醋杆菌			

5)发酵和干燥过程中的其他微生物

在发酵后期,产芽孢细菌的数量增加,特别是枯草芽孢杆菌、环状芽孢杆菌和地衣芽孢杆菌。在特立尼达的可可豆发酵120 h后,分离到的嗜热链球菌和嗜热脂肪芽孢杆菌占微生物总数的一半以上。丝状真菌是好氧菌,它们多生长于发酵物和干燥豆荚的表面。它们能够忍耐的水分含量很低,因此可一直生长至豆粒几乎全干。除非它们引起了内部霉菌的生长,则这些真菌的生长对生产并无多大影响。

(6)可可风味物质的形成

1)子叶组成

1995年,Cros和Jeanjcan对此方面做了总结。风味物质是在豆粒的子叶中形成的。根据风味物质的形成所需的化合物,可将细胞分为两种类型:一种是储存细胞,含有丰富的蛋白质和脂肪;另一种是色素细胞,含有黄嘌呤和酚类化合物。

在新鲜的可可豆中,细胞内外有生物膜相隔。在发酵中,细胞中的蛋白质颗粒吸收水分使豆粒发芽。在豆粒死亡后,生物膜解体,各种酶和基质被释放,发生一系列的反应,生产风味物质的前体。发酵中 pH 值的变化取决于醋酸的生成。在发酵和干燥过程中,温度的升高使反应速度加快。

2)风味物质的形成

可可豆中有一些化合物是主要的风味物质及其前体。

①甲基黄嘌呤:甲基黄嘌呤(咖啡因和可可碱)是主要的苦味物质。在发酵中,甲基黄嘌呤从子叶中释放出来,导致含量降低30%。

②多酚物质:此类物质有涩味。在发酵和干燥过程中其含量会降低。花青素在糖苷酶的催化下快速水解生成氰化物和糖使子叶的紫色被漂白。多酚物质的氧化(主要为儿茶酸)使其转化为苯醌。蛋白质和多肽与多酚物质混合增加了天然的棕色,即典型发酵的可可豆的颜色。

③前体物质的美拉德反应:蔗糖和储存蛋白质会发生美拉德反应,反应中蔗糖被蔗糖酶转化为还原糖。在发酵生产的可可豆中,主要的碳水化合物为果糖,因为葡萄糖在发酵中作为底物参加了反应。储存蛋白质被天冬氨酸内切多肽酶(最适 pH 值为 3.5)水解为寡肽。羧基肽酶又将这些寡肽转化为亲水寡肽和非亲水氨基酸。在可可豆的干燥烘烤中,这些前体物质就形成了风味物质。

(7)小结

可可豆的风味主要由品种和遗传特性所决定。果肉的微生物发酵为可可豆中风味物质的形成提供了必要条件。

可可豆在发酵过程中菌种也会不同,因而发酵中微生物种类并不确定,包括微生物菌种的种类也就不重要了。在生产的干燥过程中会有许多酶反应发生。在合适条件下,干燥的可可豆可以储存几年。在烘烤可可豆时,前体物质会形成巧克力风味。这些产品可以被加工成可可油、可可奶和可可粉。可可奶和可可油可以用于巧克力的生产,可可粉可以用于饮料、面包和巧克力风味食品的生产。

2.4.3 咖啡

(1)背景

从植物学上讲,咖啡属于咖啡属茜草科。在众多品种中,仅有两种有经济价值并在全世界范围内种植,它们是 *Coffea arabica* 和 *Coffea canephora* var. *robustao*。*Coffea arabica* 起源于埃塞俄比亚,占世界总产量的 70%,主要生长于拉丁美洲和东非。*Coffea canephora* var. *robusta* 占 *C. canephora* 的 95%,主要产于亚洲、南美和非洲。

(2)种植

Coffea arabica 生长在热带地区,地势较高,海拔 800 ~ 2 000 m,而 *C. robusta* 生长的地势较低,海拔 600 m。咖啡生长的重要因素是水、阳光和足够的通风量。

咖啡树生长所需的土壤种类并不重要,只要土壤中营养丰富,pH 值在 5.5 以上就可以。咖啡树对强风和干旱特别敏感,因此,在种植中必要时要有挡风墙和遮阳树。种植园中经常将老的树木除去,以防止寄生虫的破坏。咖啡树被 *Hypothenemus hampei* 侵害后,会患有"咖啡果蛀虫病";被咖啡驼孢锈菌感染后,会患有"咖啡叶锈病";被咖啡刺盘孢感染后,会患有"咖啡果病"。

（3）收获

咖啡树生长 7 年后产量达到最大。为了保证树木的产量，咖啡树要经常剪除和再生，咖啡树平均产 2.5 kg 果实，大约可生产 0.5 kg 的绿咖啡或 0.4 kg 的烤制咖啡，可冲泡 40 杯饮料。

果实的成熟大约要 9 个月。阿拉伯咖啡的果实大多长而椭圆，但一些苗壮的咖啡树的果实较小，为规则圆形。果实中有一层红色的光滑薄膜，即外表皮，而中表皮随品种的不同而不同，中表皮的质量（40%～65%）和含水量（70%～85%）、含糖量、果胶含量也不同。果实中的两粒种子被银色的种皮包裹，内表皮被中表皮包裹。咖啡豆富含多糖、脂肪、还原糖、蔗糖、多酚和咖啡因。

（4）咖啡果实的加工

果实收获后，有两种加工方法使咖啡豆和果肉分离。

1）干燥方法

干燥方法既简便又经济，主要用于巴西的阿拉伯咖啡和大咖啡树。

在阳光下，在干燥的地面或草席上，将果实铺成薄层。10～30 d 内经常翻动，使果实干燥至含水量为 9%～14%。收缩的果实称为"干果"。为了克服气候的不足，可以采用机械方法干燥，2 天就可达到同样的效果，但是干燥中要注意温度的控制，温度过高会破坏风味。

2）湿法

湿法主要用于阿拉伯咖啡生产。在此方法中，用碎浆机除去外皮浆和部分果浆。剩余的果浆通过 3 种技术加以去除，即发酵方法、化学方法和机械方法。发酵过程需要 12～96 h，通常通过观察咖啡的表皮来确定发酵是否结束。可以采用两种发酵方法，即干法和水处理法。在干法发酵中，带有果浆的咖啡豆被放入罐中储存几个小时，直到残留的果浆全部降解并且水分排干。采用水处理方法时，要小心操作避免发酵不完全。

发酵后，必须将果实多次冲洗使残留的果浆全部去除。在一些国家中常将果实在水中浸泡。冲洗后的咖啡豆要去水、干燥，水含量低于 12%，防止进一步发酵。干燥方法可采用日光浴或机械方法。

也可采用机械方法除去残余的果浆，使用碱式碳酸盐、石灰水、氢氧化钠或添加果胶酶加快处理速度。

通过干法或湿法得到的干果和带内表皮的咖啡豆经过清洗后，用除壳机分别除去干果壳和内表皮，得到仅包裹有一层薄的银色外皮的咖啡豆。在包装前，咖啡豆要按颗粒大小、密度和颜色分类。

合格的绿色咖啡豆是除去次品后的产品。次品包括形状怪异的或成熟的豆粒，以及有病虫害的、机械损伤的、颜色不正常和气味古怪的豆粒。

（5）绿咖啡豆的加工

绿咖啡豆的加工有以下步骤：烘烤、破碎、过滤和干燥，最终得到可溶咖啡和除去咖啡因的产品。高峰期一般在第 6 年。

2.4.4 茶叶

茶树容易感染真菌和昆虫病害。许多虫害是有区域性的，常在特定区域发生，造成经济损失。最严重的真菌病是水泡病，由坏损外担菌引起，这种菌容易感染嫩芽，得病特征是有水泡生成。黑色腐败菌能使树叶变黑、脱落。还有一些由环状菌和其他真菌引起的根部疾病。茶树易感染的虫害有以树叶为食的幼虫、吮吸树汁的昆虫和树干蛀虫。

（1）收获

在收获时，将新芽采摘下来，收获过程一般需要 6~12 d，劳动强度很大。一般来说，手摘的一两片叶子的新芽是最好的茶叶。也可使用机械采摘方法，但是机械法可能会使加工过程推迟，因为需要将采摘的粗质叶片和梗茎挑拣出来。采摘的新鲜茶叶要立即运到加工厂，运输过程中要小心以免损坏叶片。如果茶叶过早"发酵"，会影响产品的质量。

（2）加工

茶叶加工工厂一般在茶园附近。整个加工过程需 6~24 h。加工工艺取决于所生产茶叶的品种。红茶生产中，叶片要经过发酵以增加茶的香味和颜色；绿茶要经蒸汽处理来抑制酶的活性；而乌龙茶的生产工艺是前两者的综合，经过部分发酵制成。生产者还使用其他许多的生产工艺来生产许多不同品种的茶叶。

1）红茶的加工

①风干：将茶叶放入 30 cm 深的槽中，循环鼓入暖空气（15~35 ℃），使叶片中的水分由 75%~80% 降至 55%~65%，处理时间为 4~18 h。如果使用旋转桶设备，时间可减少至 3 h。在风干过程中，茶叶的化学成分和物理性质被改变，为下一步的加工做好准备。

②叶片卷曲/浸软：传统的卷曲工艺将叶片卷曲压制成颗粒，还有一种称为 CTC（切、撕、卷）的工艺，将叶片剪切、撕碎和卷曲。现在生产中使用一些浸软方法，结果非常有效。这些方法通过使用各种设备将卷曲步骤重复操作 3~5 次，然后将碎叶片进行筛滤、冷却、通风。处理后的叶片称为 dhool。

在浸软过程中，叶片的细胞被破碎，细胞成分被释放出来，使酶和儿茶酸混合，在空气中发生酶氧化反应。加工温度一般控制在 35 ℃以下，以免形成异味物质，最适温度为 27~32 ℃。

③"发酵"加工：将过滤后的茶叶放入发酵桶或箱中，通风发酵，时间为 30 min~5 h，发酵中要进行温度控制。温度和处理时间的长短会影响茶叶的质量。随着发酵过程的进行，叶片的颜色逐渐加深，风味物质也逐渐形成。茶叶品种的不同就在于处理条件的不同。

④干燥：干燥处理是为了使酶失活。此工艺中采用流化床，叶片放于热空气干燥器中（通入空气温度 80~95 ℃）。当叶片中水分降至 6% 以下时，最好为 3%~5%，干燥过程就可以结束。

2）绿茶的加工

绿茶生产是将新鲜叶片卷曲和干燥，以减少氧化反应的进行。在经过加工的叶片中，酶被破坏，青草味被消除，苦味物质减少。现在经常采用加工处理方法有两种，分别为：

①中国：烘烤茶叶。

②日本：蒸汽处理后卷曲叶片。

3）分级和包装

茶叶按一系列的标准进行分级。最常见的等级为：橘红白毫（一种高级红茶）、碎橘红白毫、橘红白毫茶末、茶叶粉末。分级后的茶叶装入箔板箱中，每箱 60 kg。

（3）饮用方式

包装茶叶时要添加一些配料以保证产品的味道、颜色和价格。各种植物原料如香草、香料都可作为添加剂。茶叶的包装多是袋装，便于及时饮用。

袋茶包装袋的材料十分重要,要求可以有效浸泡、保存效果好和不含任何异味物质。

速溶茶是经过提取、浓缩和干燥工艺制成的,是人们喜爱的饮品,广为销售。

茶叶调制过程的目的是使其香味和风味持久。调制过程中,大量的咖啡因和单宁酸被提取出来。一杯好茶要用开水浸泡 3 ~ 5 min,所用的水质也很重要,硬水中的镁、钙离子会使茶水呈红棕色,混浊。热茶中常添加牛奶、柠檬或糖同时饮用。

现在,冰茶十分流行,它通常经过热水浸泡后再冷却制得。有一种太阳茶,是把茶叶和水放入玻璃杯中,在阳光下经过几个小时低温浸泡后,再饮用。

(4)茶叶制备中的生化反应

新鲜茶叶中含有酶、基质作为植物进行光合作用和生长的基本元素。当然,茶叶中还含有茶树中独有的一些物质。例如,多酚混合物是茶叶中主要的组成物质,占干重的30%。

茶叶的发酵是无色花色苷和黄烷醇的氧化过程。主要的氧化反应是由多酚氧化酶催化儿茶酸转化为茶黄素。茶黄素和茶红素是新鲜茶叶中所缺少的。在发酵中各种茶黄素的形成速度不同,性质也不同。随着发酵的进行,茶红素的含量增加。在茶叶浸泡时,茶红素使茶水呈棕色,同时增强口感;茶黄素则呈橘红色。

茶香是茶叶的主要特征。人们对茶叶中的挥发性物质进行了研究,发现并鉴定了350多种物质。氨基酸是茶叶中香味物质的主要前体。在新鲜叶芽中含有大量的氨基酸,其中一种是茶叶所独有的,即茶氨酸(5-N-乙基谷氨酸),占茶叶干物质的0.8% ~ 1.5%。在新鲜的和干燥的茶叶中存在大量的咖啡因,占干物质的2.5% ~ 5.5%。茶叶中还含有少量的可可碱和茶碱。

(5)茶叶中的微生物学

人们普遍认为:茶叶发酵与一些发酵工艺不同,茶叶发酵过程中的酶不是来自微生物而是茶叶自身。但在1990年,Pradhan 和 Paul 发现,发酵中的多酚氧化酶来自在茶叶发酵过程中分离得到的17种酵母菌和真菌中的11种菌种。此外,在茶叶发酵中,还发现有杆菌作用。对于茶叶发酵中的微生物作用还需要进一步研究。

茶叶生产中主要的微生物与茶叶的腐败有关。在采摘时,叶片中存在一定数量的微生物。如果叶片较湿,则微生物数量会增加,若叶片不经过快速干燥,此情况会更为严重。在发酵中,如果发酵箱表面较脏,茶叶也会感染有害微生物,产生异味。

在制茶过程中,要求茶叶中的水分含量为3% ~ 5%,并且水活度较低,从而控制微生物的生长。单宁物质含量高也会抑制微生物的生长。当含水量达到12%时,茶叶中会有霉菌生长。在含水量较低时,会引起其他降解反应的发生,造成有利物质的损失和污染现象。

2.5　微生物增稠剂

2.5.1　引言

现代社会对方便食品的需求,使得食品工业不断开发出新的、高级的食品和添加剂,人们可以不费吹灰之力就品尝到美味的食品。在过去的几十年中,曾经仅限于罐装的食品加工技术得到了飞速发展,成为高尖端的科学领域。

近几年一个新的技术在快速发展,这就是利用生物聚合物改变食品的功能或加工方法。这些生物聚合物可用做胶凝剂、乳化剂、稳定剂、沉淀剂、润滑剂和黏稠剂,在食品工业中应用很广。

这些化合物可直接影响食品的外观、组成、风味和口感,特别是对口味独特、广受消费者欢迎的食品极为重要。另外,在生产中添加生物聚合物可以影响生产因素,如流速和食品配料的混合。

在食品加工中需要有合适的、优质的添加剂。由微生物生产的生物聚合物能够保证食品质量。它们在一定的条件下,通过简单碳水化合物的微生物发酵制成。添加生物聚合物可保证不断供应优质可靠的食品。微生物所生产的生物聚合物有额外的优点,可以给食品以特殊的修饰。

随着对重要生物聚合物(如黄原胶)合成的了解,人们研究微生物聚合物的功能和结构之间的关系。通过对微生物基因组的适当操作,设计生物聚合物分子结构,使微生物形成能提高天然原料性质的分子。

随着新食品的开发,微生物增稠剂得到应用。随着疯牛病等疾病的流行,消费者不再热衷于传统的饮料和食品配料,因而替代产品的开发大大推进了生物聚合物工业的发展。

本小节将对微生物增稠剂在食品和其他工业中的应用进行论述,并且简要总结在食品中这些非常有用和多功能的化合物其他一些应用。

2.5.2　食品工业中应用的传统增稠剂

市售的胶和增稠剂大多为淀粉、纤维素及其修饰或转化这些生物聚合物的衍生物。传统增稠剂存在许多问题:产品的化学和物理提取过程十分复杂;产品组成受气候和地理条件的影响;生产环境和人工控制也是很重要的,环境的污染会影响到生产原料如植物和海洋生物的多糖组成。而且,一些传统多糖的生产地远离美国和欧洲的食品加工工厂,这就增加了原料供应的难度。由于以上原因,非传统多糖原料就有了一定的优势。

2.5.3　黄原胶

黄原胶(E415)是食品工业中重要的微生物多糖,它是由引起植物的细菌性病害甘蓝黑腐病的黄单胞菌生产的一种杂多糖(由一种以上单体组成)。它在工业中的用途极为广泛。多糖作为成功的微生物聚合物在工业中得到使用,并形成了一定的工业标准。目前,黄原胶已占领了大量的市场,并被广泛地应用于食品行业。

(1)黄原胶的结构

黄原胶是由 D-葡萄糖、D-麦芽糖和 D-葡萄糖酸单位组成的杂多糖聚合物。聚合物的主要结构是 β-D-葡萄糖通过 1-4 糖苷键连接而成的骨架。每一个葡萄糖残基都连有由 α-D-麦芽糖、β-D-葡萄糖酸和 β-D-麦芽糖组成的三糖侧链。大多数末端麦芽糖通过 C-4 和 C-6 位点与一个丙酮酸盐基团以缩酮键相连,与主链相邻的 D-麦芽糖通过 C-6 位点与一个乙酰基部分相连。

黄原胶的丙酮酸含量各不相同,这取决于所使用的野生黄单胞菌菌株和发酵条件。丙酮酸含量高或低的菌株都可用于黄原胶的生产。丙酮酸十分重要,它影响着聚合物的水溶性。因此,在生产中必须严格控制这些因素,以保证产品的质量。

葡萄糖酸和丙酮酸的存在使多糖具有阴离子特性,因此,必须经过中和后的黄原胶产品才能够上市,以防止阴离子与食品中的成分发生反应。

人们对黄原胶的结构进行了大量研究。通过 X 射线衍射得到聚合物的结构,它是右旋、五糖重复单元、单或双螺旋结构,由内部的非共价键和部分氢键维持其稳定性。通过对野生型和突变型菌株生产的黄原胶分子结构模型的研究,人们发现由于聚合物的结构不同,将导致其黏度的不同。对于溶液的光散射性、凝胶过滤特性、固有黏性、沉淀黏性和平衡性等方面的研究表明:分子呈棒状且有一定的灵活性,这可以用于解释聚合物所具有的一些重要物理性质和用途。

(2)黄原胶的功能及物理特性

黄原胶有许多不寻常的独特性质,因而被广泛应用于食品、化妆品、药品及相关工业中。黄原胶具有与其他胶如瓜尔豆胶、槐豆胶、角叉菜胶、藻蛋白酸盐和明胶相互作用的能力,这种组合使其功能更加理想,并具有特殊的用途。这是黄原胶成为市场主流产品的原因之一。

由于黄原胶具有严格的螺旋结构,没有缔合体,因此,是理想的增稠剂。在高温下,黄原胶的分子结构被破坏,导致溶液黏度降低。但是,当有电解质存在时,聚合物的结构比较稳定,并且在 100 ℃以上时也不会被破坏。由于黄原胶在较大的温度范围内具有高黏性,因此,在食品工业中是良好的增稠剂。

黄原胶的另一个特点是悬胶体性和假塑性,即当剪切力存在时,黏性减弱;当剪切力消失时,黏性恢复。当 pH 值和离子强度发生改变时,稳固的螺旋结构保证了黄原胶的稳定性。

黄原胶可与甘露聚糖中未被取代的麦芽糖区域交错相连,形成凝胶体。例如,与槐豆胶相连形成的凝胶具有热致可逆性。黄原胶还可与明胶交错相连,但不形成凝胶,而是形成黏度更高的产品。

黄原胶分子中的侧链和阴离子特性使其具有亲水性。因此,黄原胶在冷冻体系中也具有良好的水溶性。但是,在乳品中要小心使用,因为钙离子的作用使聚合物在食品中的溶解需要更长的搅拌时间。

黄原胶还具有抗氧化性,这可以延长一些油脂调味品的保质期。

(3)黄原胶的应用

因黄原胶具有一些特性,如稳定性、相溶性和流变性等,使得黄原胶的应用很广。

1)在食品中的应用

黄原胶在食品工业中的应用是基于它的亲水性和对溶液流变性修饰的基础。它主要用作食品稳定剂、胶化剂和增稠剂。

黄原胶的溶液可以加强食品风味,这比其他增稠剂优越,例如明胶、羧甲基纤维素都会减弱食品的风味。这可能是因为与黄原胶混合后,食品会表现为微胶体特性而不再是水溶液。

在烘焙业中,黄原胶主要用于提高产品质量,如面包和蛋糕的质地和面团强度、增加体积(保存气体)、保持水分和增强风味。它还可用作油脂的替代品使面点软化,常常被用于不含油脂或油脂含量低的食品中,从而降低了烘烤食品的热量。黄原胶还具有延长食品的保质期,冷冻和解冻小麦面团、法式糕点和馅饼,乳化流动性强、易与其他产品混合,在烘烤结束时修饰食品的作用。黄原胶是糖衣和糖霜的理想成分,可以增强黏附力,使食品外观优美,并能防止食品的干裂、水分散失和糖结晶,从而延长保质期。

黄原胶的另一个特点是可形成稳定的乳化剂,因而可以用于油脂或非油脂调味剂或调味酱中。添加黄原胶后,乳浊液和胶体在酸、碱、盐中的稳定性以及在不同温度下持久的黏性使得调味品的保质期延长。黄原胶可与基质稳定结合、增强风味的特性以及冷冻和解冻特性,使得含有黄原胶的调味剂和调味酱成为优质产品。

黄原胶也可用于低热量食品中,它通常被用作淀粉的替代品或部分替代品,或者与明胶、角叉菜胶和槐豆胶相混合作为稳定剂或定型剂,保证食品风味的持久性。黄原胶可以用作干型混合饮料的主要成分,构成丰满的基体、增加黏度和增强口感。它可以使微粒悬浮在液体中。

黄原胶还可以用于乳制品的生产,如冰激淋、奶油和牛奶调制品,特别是可以与其他聚合物结合起来使用。黄原胶在乳制品工业中的一般用途是作为稳定剂,特殊的用途是防热剂,以保持冰晶体的形状。

2)其他工业中的应用

黄原胶可应用于许多其他的工业。它可以用于农业和园艺业的悬浮性化肥中,以作为植物的保护剂。在染料工业中,它可用作稳定剂和乳化剂。在纺织工业中,它可在织物染色时使用,保证纺织品的光滑。它的另一个特殊用途是在石油工业中用做钻凿流体。

(4)黄原胶的生产

在很大程度上,黄原胶的生产与许多来自细菌和酵母的胞外多糖生产相似。

1)接种

菌种的培养通常要从单一细胞出发,经过逐步扩大培养。如从试管培养到摇瓶培养,再到实验室生物反应器培养,最终通过种子罐进入生产反应罐(体积为 $100 \sim 250 \ m^3$)。尽管接种量大,如 10%(体积分数)可以缩短生长停滞期,在生产中可以节约生产时间,但是,Linton 等指出:较大的接种量所需要的扩培步骤多,达 7 次或更多,其间更容易染菌。在实际生活中多采用 4 级扩大培养,每一阶段都要检测是否染菌,以保证接种的种子为纯菌种。在发酵工业中,通常有在线监测器控制,检测 O_2 消耗量、CO_2 生成量或 RQ(呼吸商)。

2)发酵

与大多数多糖发酵一样,在黄原胶发酵中要提供合适的培养基,使菌体快速生长且耗尽主要的营养物质,如氮源、碳源(如蔗糖、葡萄糖),然后生长停止,细胞中的合成酶快速利用多余的碳源合成胞外多糖。

许多黄原胶生产中使用高碳源和氮源的培养基,使细胞浓度达到 $1 \sim 5 \ g/L$,以促进产品快速合成。工业中黄原胶的产量为所消耗碳源的 $50\% \sim 70\%$。

最初,在黄原胶生产中使用的培养基的化学成分十分复杂,之后生产中则改用半合成培养基(如含有酵母膏或其他生长因子)。现在多使用标准的完全培养基,可以减少下游处理的困难。生产中要注意一些离子的浓度,如钙离子、铜离子,这些离子会影响微生物的生长和黄原胶的流变性。

3)生产难点

在分批培养过程中,发酵中的培养流体会快速变化:在细胞生长阶段,为牛顿型流体;在黄原胶合成阶段,变为高假塑性非牛顿型流体。这种流变学的变化给工艺操作带来了一些难题:产品转化率降低,块状混合物减少,传质和混合效率大大降低,破坏工艺控制,导致产量降低。

人们寻找了许多方法来解决这些难题,其中许多方法是涉及新型反应容器的设计。尽管这些反应器设备较为先进,但是仍处于实验室的试用阶段。性能良好的搅拌反应罐在黄原胶的生产中的应用非常广泛。目前,有一种螺旋桨设备比标准 Rushton 涡轮机更能促进产品的合成。

1991 年,Linton 等并不赞成提高黄原胶的产量。他们认为:黄原胶的出售价是按每 1 kg 产品的黏性计算的,如果增加产量则会导致产品黏度的下降,那么任何改变发酵工艺提高产量而降低黏度的做法都是没有意义的。

4)遗传学研究

最近的研究揭示了黄单胞菌菌株的黄原胶合成途径。在黄单胞菌基因组的 15 kb 区域内鉴定得到 12 个基因,它们负责编码黄原胶合成体系中的主要酶系。其中 5 个基因编码糖基转移酶,此酶催化将活性糖基转移至戊糖的反应;有 4 个基因编码催化戊糖聚合的酶;其余的 3 个基因编码用于催化多糖中麦芽糖残基的酰化作用的酶。

这些基因的突变可以使菌株生成黄原胶的相似聚合物,具有与黄原胶不同的特性。例如,编码糖基转移酶的基因(Ⅳ 和 Ⅴ)发生突变后,菌株所生成的聚合物结构中缺少末端葡萄糖酸、麦芽糖残基(多三聚体)和末端麦芽糖残基(多四聚体),其中的麦芽糖残基与黄原胶的黏性有关。有趣的是,其他研究人员对黄原胶进行葡糖苷酸酶处理所得到的多聚三聚体也具有不同寻常的高黏度。

通过基因诱变,我们能合成具有多种结构和特性的胞外多糖。通过对相关生物聚合物的了解,能够增强我们对聚合物结构与功能关系的认识,从而人工设计合成有用的聚合物。

5)提取

大量的研究者认为微生物胞外多糖的回收与提取有着重要的经济意义。食品中黄原胶的提取一般是使用异丙醇沉淀,然后通过切向流过滤对产品进行浓缩直至可直接使用的浓度。

由于溶剂沉淀成本很高,因此在生产中,采用高效的溶解回收体系对沉淀剂有效回收利用是十分重要的。异丙醇本身也是低浓度黄原胶发酵液中的一个产物,在分批生产工艺中的生成量为 20 ~ 30 g/L。

黄原胶用于食品加工时,产品干粉中微生物的数量要少于 10 000 个/g,最好是少于 250 个/g。要达到这一标准,需采用化学和热处理方法来处理产品。由于从高黏性的液体中除去细胞并不容易,为减少投资,人们进行了大量研究,至今效果仍然不明显。

在很大程度上,加强黄原胶的提取回收技术对整个加工工艺有很大的经济价值。在许多国家的黄原胶生产中,主要面临的问题不是无菌操作或发酵工艺,而是如何保证产品成分的稳定以及微生物含量和化学成分达到质量标准。

2.5.4　结冷胶

结冷胶(E418)是食品生产中第二种重要的微生物多糖。它是由多沼假单胞菌生产的一种线性阴离子杂多糖。结冷胶于 1978 年发现,并由日本公司 Kelco 生产制造,于 1988 年应用于食品工业中。1990 年 FDA 对该聚合物给予了认可,1992 年得到权威性认可。1993 年,结冷胶的成功生产为 Kelco 公司赢得了"食品技术工业成就奖"。

通过增加离子浓度和提高温度,结冷胶能生产得到热可逆性胶。一般胞外多糖胶不均匀且不透明,这在食品工业中是不允许的。结冷胶的优点是在金属离子存在时也可以形成透明胶体,所以它可以应用于食品工业。

（1）结冷胶的结构

结冷胶由 3-1,3-*D*-葡萄糖,β-1,4-*D*-葡萄糖酸和 α-1,4,-*L*-鼠李糖按摩尔比 2∶1∶1 组成。这些单体形成线性四糖聚体单位,如图 2.8 所示。在天然结冷胶中有两个酰基,即乙酰基和甘油酰基,但在工业生产的结冷胶中这两个酰基被除去了。结冷胶具有规则的双螺旋结构。

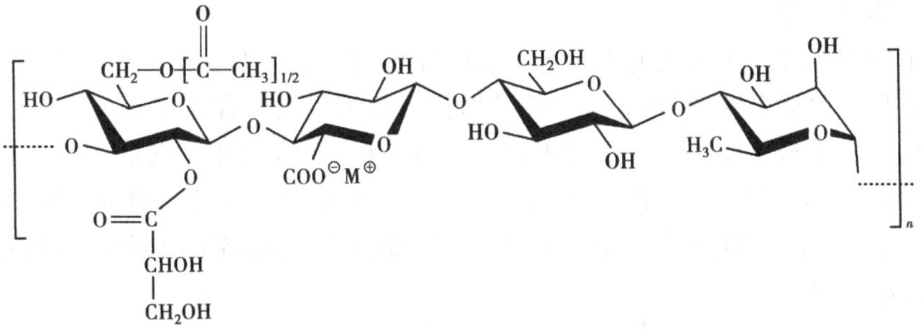

图 2.8　结冷胶的化学结构

温度是影响结冷胶结构的重要因素。在低温下,聚合物以双螺旋结构存在;当温度升高时以单链形式存在;当温度接近 35 ℃时,聚合物以僵硬的有序结构存在。在水溶液中,结冷胶可形成分支或发生环化,形成多种分子量的聚合体。双链结构像僵硬的棒,在水溶液中通过自由链相连。当双链螺旋形成时,发生胶化,随后螺旋聚合体就会形成。由于结合区域的"链和轴"模型的提出以及在低于胶-溶胶转化温度时自由链与结合区域发生连接现象的发现,人们可以解释热可逆性胶对温度的依赖性。每一条链通过内部次级键相连,形成两个结合区域。每一个结合区域的结合片段数量随温度而变化:当温度上升时,片段会分离;当温度下降时,片段又会结合。1993 年,Watase 和 Nishinari 发现在结合区域的钾离子数目的增加可以增强结合区域对温度的忍耐性。

胶化过程受到许多因素的影响,例如多糖的浓度(随结冷胶浓度的增加结合区域的稳定性增强)、多糖的分子质量、阳离子浓度和类型、分子的酰化以及温度等。当聚合物双链区域延伸和重排时,会发生胶化。1993 年,通过对多沼假单胞菌的非黏性突变株的研究,Harding 和 Patel 成功分离得到与结冷胶的生物合成有关的基因。这对于开发特殊用途的聚合物和将基因转移到其他微生物中都有重要意义。

（2）结冷胶的功能和物理性质

天然的具有酰基的结冷胶与黄原胶-槐豆胶的混合物具有相似的性质,但使用范围有限。低酰基含量的结冷胶具有优质凝胶剂的特性。1990 年,Crescenzi 等对这种胶体的溶解性和凝胶性做了记录。这种胶体较容易使用,因为它具有多种结构,非常适合于食品工业的应用。胶体的结构由以下方面决定:脆度、硬度、模数、弹性。模数和硬度经常作为胶体强度的参考。下列一个或更多因素的改变就可得到多种结构的胶体。

①酰化程度:完全酰化的胶体坚固,较脆,弹性较弱。

②阳离子浓度和类型决定胶体的强度。特别是二价阳离子对胶体影响很大。离子浓度的增加使胶体脆度增加。

（3）结冷胶的应用

1)在食品工业中的应用

结冷胶的主要作用是作为凝胶剂、增稠剂、悬浮剂或在食品中形成薄膜。它可以与其他胶体联合使用,如黄原胶、明胶和槐豆胶。结冷胶可使食品稳定、增强食品结构和增加风味等。

结冷胶与黄原胶的应用相似,这两种生物聚合物在应用中是存在竞争的。但是,结冷胶具有独特的优点——可以保证胶体非常澄清,因此在黄原胶不适合时便可作为黄原胶的替代品。迄今为止,结冷胶已经用于烘焙产品、乳制品、果汁、牛奶饮料、糖衣、糖霜、果酱、凝胶剂、肉制品和各种甜点的加工中。

多糖可用作需要进一步加工的面包等面食的涂裹物,它可以降低食品对油的吸附从而生产出低热量食品。包裹多糖的食品,其风味的增强更能满足消费者的需要。

结冷胶也适合于与其他胶体一起使用,它可与白凝胶联合应用于食品工业。白凝胶的使用范围很广,但它的熔点很低,给食品加工过程带来困难,必要时需要将食品冷冻,如甜点。目前,白凝胶-结冷胶混合使用前景非常广阔,因为结冷胶的加入提高了白凝胶的熔点,而且使产品有独特的口感和风味。

2)在其他工业中的应用

结冷胶除了在食品工业中应用广泛外,还应用于其他许多工业。它可以作为琼脂的替代品制备生物培养基,特别是可以用于对澄清度要求高的培养基,如嗜温微生物的培养基等,还有一些其他的应用有:可用于胶囊、胶片、胶卷、纤维、牙科制品以及个人护理用品等。

结冷胶在较短的时间内就得到了大量的应用,并且应用潜力还很大。今后几年,人们将对其在凝胶剂和多功能配料的应用领域做进一步的开发。

2.5.5 与结冷胶有关的多糖

结构与结冷胶相似的酸性杂多糖,从不同的假单胞菌、固氮细菌、产碱菌和黄单胞菌的产物中分离得到。这些微生物具有的生化和生理特性相似:它们都是革兰氏阴性菌,都是黄色杆菌;都进行非发酵性代谢,都可以利用氧化型碳;它们具有相似的 RNA 序列,通常都具有糖鞘脂;它们属于新一族的微生物鞘氨醇单胞菌属。一些科研工作者认为有种与结冷胶相似的生物聚合物是 Sphingan,它是一种有利用潜力的多糖资源,具有独特的功能,用于食品工业。还有一些多糖微生物对人体是有害的,如鞘氨醇单胞菌属是人体的病原体,因此,在产品发酵和提取过程中要注意有害微生物的处理,这给一些生物聚合物的应用带来不利因素。

2.5.6 来自乳酸菌的胞外多糖

近几年,人们发现用于发酵牛奶制品的微生物也可生产胞外多糖。这些多糖和黄原胶不同,不是添加到食品中去的,而是微生物发酵牛奶的过程中产生的。这些微生物为乳酸菌,主要是乳杆菌、四联球菌和明串珠菌。

(1)胞外多糖的结构

由德氏乳杆菌、乳酸乳球菌、瑞士乳杆菌和米酒乳杆菌生产的胞外多糖的结构已得到确认。这种生物聚合物是由 D-半乳糖通过 1-3 和 1-4 糖苷键连接而成的。这种聚合物没有离子特性,这是它能在复杂蛋白质原料(如牛奶)中存在的重要原因。

(2)应用

这些生物聚合物胞外多糖在牛奶发酵食品中的作用是赋予产品结构和流变特性,这一点在酸奶食品中十分重要。尽管具有天然产物的优点,但在其他领域里它们的应用不能与前面谈到的多糖相比,例如黄原胶和结冷胶,而且,微生物有时会失去产生这些多糖的能力,分泌出的多糖的浓度也较低。这些原因使得这些聚合物的经济前景并不乐观。

2.5.7　支链淀粉

支链淀粉是一种由二型态真菌——出芽短梗霉生成的胞外多糖。它是由吡喃型葡萄糖单位以有规律的 α(1-4)和 α(1-6)键相连形成的,或是由麦芽三糖通过 α(1-6)键连接而成。

(1)功能和物理特性

支链造粉聚合物是水溶性、无色、无味、有热稳定的物质,可形成稳定的黏性溶液。支链淀粉的主要特点是可形成不透氧薄膜和伸缩性很强的纤维。

(2)应用

有关支链淀粉的使用已有 300 多项专利。人们已将支链淀粉投入可食用薄膜的生产,并且这种薄膜的应用广泛,在日本已占有很大的市场。

2.5.8　硬葡聚糖

硬葡聚糖是真菌小核菌生产的一种中性葡聚糖。多糖呈线性结构,由 D-吡喃葡萄糖通过 β-D-(1-3)键相连形成主链,再与单个 D-吡喃葡萄糖单位以 β-D-(1-6)键相连。在主链中,每三个 D-吡喃葡萄糖和一个 D-吡喃葡萄糖侧链构成一个基本单位。

(1)硬葡聚糖的功能和物理特性

硬葡聚糖在冷热水中均可溶解,溶液具有很高的假塑性,不受温度、pH 值和电解质变化的影响,稳定性也强。

(2)应用

硬葡聚糖与黄原胶有许多相似点,在食品工业中应用广泛。此聚合物与水的结合性、稳定性、黏稠性和悬浮性很好。但是,由于其生产费用高于黄原胶,故不经常使用。优化发酵条件可以提高硬葡聚糖的产量,但同时也会使单位生产消耗增加。当然这并不是硬葡聚糖没有市场的主要原因,主要原因是黄原胶已经占领了大量的市场。

2.5.9　结论

黄原胶和结冷胶与植物和海藻制成的传统胶体相比,生物增稠剂有很多优点,因而在食品工业中发挥着重要作用。它们的流变学特性使其应用广泛,如用作结合剂、稳定剂、乳化剂、悬浮剂、凝胶剂、凝固剂和润滑剂。当与传统增稠剂联合使用时,它们就成为食品工业中的常规用品。

黄原胶和结冷胶是最重要的微生物多糖,在食品工业中应用最广。

尽管人们还发现了许多其他的微生物多糖,但它们在食品工业中的开发利用很少。在今后的研究中,将会发现更新更好的生物增稠剂,但是如果想将其投入生产,它们必须比黄原胶和结冷胶具有更好的特性或高的生产效率。因而今后的研究重点可能会集中于对以黄原胶和结冷胶为基础的合成多糖的开发。

另一个发展方向是增强乳酸菌的胞外多糖的合成能力,从而使食品中不再需要添加增稠剂和稳定剂。通过基因技术,我们了解了大量生物多糖的合成基因,但我们对于微生物如何控制聚合物的分子质量和如何将聚合物运送到胞外还了解甚少。这些问题不得到解决,研究工作将会受到很大限制。

2.6 面包与面包酵母

2.6.1 面包

简单地讲,面包是采用面粉、酵母、盐和水作为原料的食品。即使是高品质的面包也只用这些原料来进行生产,如法国著名的棍子面包。当然制作过程中还涉及其他一些组分,这些组分之间也会相互影响。对任何品种的面包,我们都希望能有一定的质地面包瓤结构、面包外皮壳和风味。因此,面包的配方有许多。面包的配方是决定面包质量的关键性部分。面包的配方通常是以面粉为百分数的配比表达,也就是以面粉按 100% 来计算的,所有其他配料的量只是相对于面粉量。例如,糖的加量是 25% ,这表明每 100 kg 面粉加 25 kg 糖。如果整个面团的质量是 232 kg,也许面团中最终只含有 11% 的糖。

（1）配料

1）面粉

大多数面包是用小麦面粉来生产的,但是也可以用黑麦或玉米粉来生产。通常用于面包制作的小麦含有 11% ~13% 蛋白质,而最重要的是蛋白质中的谷蛋白。谷蛋白决定了面包的内部结构、面包的弹性和伸长性。面粉含有少量的可发酵性单糖和多糖,在小麦谷粒中,含有 0.5% ~1.5% 的蔗糖,0.03% ~0.10% 的葡萄糖,0 ~0.08% 的果糖,0 ~0.02% 的麦芽糖,0.8% ~1.0% 的总糖;小麦面粉中含有 1.7% ~3.0% 麦芽糖。面包的制作过程中还会从分解的淀粉颗粒中释放出另外一些麦芽糖,这是首先由于 α-淀粉酶的作用,然后由 α-淀粉酶作用糊精而产生。淀粉不只是简单地提供可发酵性碳水化合物的来源,而且还可以将蛋白质稀释到最适水平,并且吸收水,在面团的扩展过程中作为气囊延伸,并形成通气的膜。

2）盐

面团中的盐除了可以强化风味外,还可以减少酵母的产气率增强谷蛋白结构。盐对酵母和谷蛋白的影响情况取决于生产条件和面粉的浓度。这些影响要么是所希望的,要么是不希望的。盐的加量可以大于 4% 。盐浓度低时,可以增加气体的产生,但是在高于 2.0% 时,盐可能对酵母的活性产生一种有害的影响。

3）糖

按照各地区消费喜好的不同,面包中糖的加量在 0 ~30% 。蔗糖可以被酵母的胞外转化酶迅速水解为葡萄糖和果糖。在焙烤中,如果蔗糖含量大于 2% ,酵母就只发酵葡萄糖和果糖。加入面团中的蔗糖的第二个重要的影响,可以降低面团的水活度,这是因为酵母转化酶使蔗糖对渗透压的影响增加了 1 倍。一个白面团的水活度也许只有 0.97,而一个含有 25% 糖的面团的水活度可以小于 0.92,酵母发酵率较低时,面团的水活度则可能会更低。

4）改良剂

面包的改良剂是由氧化还原剂、pH 调节剂、乳化剂以及用来赋予面包理想特征的酶制剂等组成。面包理想的特征包括质地松软、发酵快速和保存期长。最初的面包改良剂只含有发芽的小麦粉或发芽豆粉,这些都是天然的酶源和天然乳化剂。现代的改良剂则是由化学组分和酶组分经过特别混合而组成。氧化剂对面团有良好的作用,它可以使面团更加结实、更富有弹性,这样可以使面包更好地膨胀开来而呈现蓬松的状态。在快速的机械和面过程中,氧化剂尤其重要,面粉总是含有充足的 β-淀粉酶,但是有时会缺少 α-淀粉酶,这就会使发酵较慢。在面包改良剂中加入 α-淀粉酶就可以提供足够的麦芽糖作为酵母发酵的底物。淀粉酶也可以改进面包的外表、质地和枕形面包的体积。真菌和细菌来源的 α-淀粉酶都可以用,但是它们的特性是不同的。当真菌蛋白酶与硬麦面粉一起生产小圆果面包或小白面包时,由于要求面团较软并容易流动,这时真菌蛋白酶就显得非常有用。在面包改良剂中使用酶是一个发展迅速的方向。改良剂与酵母之间是一种十分复杂的关系,实际的关系最好是通过实践来加以确定。

5)酵母食物

在酵母食物中也经常使用氨盐、磷酸和硫酸盐,这是为酵母提供必需的营养。酵母的生长程度是受到严格限制的。研究表明,27 ℃条件下,在最初的 2 h 里面团中还没有酵母的生长,之后的 2 h,酵母将增长 25%。从某种程度上讲,酵母食物的加入是保证在缺少了必需矿物质或氮源时,酵母的产量不受限制,但酵母食物的存在很有可能会促进发酵过程。同时矿物质还可能对 pH 值起到调节的功能。

6)防腐剂

由于水活度高,面包对酵母和霉菌的污染十分敏感。经常用脂肪酸盐,如丙酸钙或酸(如醋)作为霉菌的抑制剂,在最终产品中加量可以超过 300 mg/kg。短链脂肪酸也可以抑制酵母的生长,包括对啤酒酵母。抑制剂通过抑制糖的分解途径以及因为排出抑制剂而消耗细胞的能量来减少微生物生长量。

7)酵母

酵母自身以及和它对其他面包配料的作用,可以明显地区别出使用相同配料的面包房之间所生产的面包的区别。在面包制作中,酵母有 3 种功能:

①酵母可产生膨胀面团的气体。

②酵母可改善面团的流变学特性。

③酵母的代谢产物对面包产品的风味产生影响。

(2)生产面包的方法

各国之间,小面包房和大面包厂之间面包生产的方法形形色色,各有不同。制作方法的主要不同在于从配料混合到面团进入炉膛之间所用的时间的长短(图 2.9)。面包生产方法的选用取决于所用的原料的质量、生产能力、机械水平、现行的传统制作方法等。面包生产方法经常随着地区和文化基础的不同而变化。

面包制作旨在将面团从最初配料的组合状态发酵成为可作为面包的一种结构状态。通过这种加工过程,可以形成有结构、有弹性、可拉长并持有气体的面团,形成这种面团的方法各种各样,因而就形成了各种不同质量的面包。

最简单的面包制作方法是快速方法。即所有的配料混合好,经过很短的时间后,然后将这个面团送进炉中焙烤。快速方法也分成可以采用改良剂的化学方法和物理方法(用高粉混合物),例如 Chorleywood 面包生产方法。通常来讲,快速方法使用的酵母相对较多、醒发的温度从 35 ℃到 40 ℃不等,气体的产生速率与面团的变化相匹配。因为酵母的产气率是制备面团过程中的限时因素,所以酵母必须具备更好的活性。

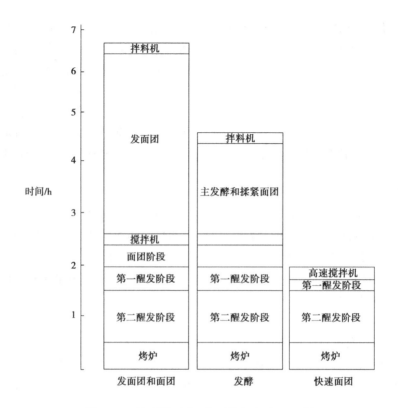

图 2.9　面包制作过程:典型的生产过程和时间

较长时间的生产方法可以分成单级面团发酵方法和多级面团发酵方法两种。面起子方法和中国家庭制作馒头的方法都属多级面团发酵的方法。在这种方法中,通常上一批中的面团要被保留作为下一批生产的面起子。除了面团的发酵不依靠化学发酵剂外,多级面团发酵法的生产与快速发酵法在方法上相似。面团发酵法中加入酵母的量比快速法中要少,因而发酵时间不同。时间的长短,主要取决于酵母的加入量和发酵的温度,通常温度为 22 ~ 30 ℃。这种面包中有较多的酵母代谢产物,有些酵母代谢物会影响面团的流变性、面包瓤的结构、质地和面包的风味。

二次发酵的发面团法是两级醒发的过程。第一级醒发时,用大量的水和比例较少的面粉。所有配料按照不同的比例加入发面团(第一级)和面团(第二级)中,这种方法派生出无数种变异的方法。液体发酵系统和水酿造就是这种方法的变种。在发面阶段酵母的活性非常强,但是生长的却很少。面包厂需要相对高级的管理来控制使用这个过程,以保证配料、发酵温度和发面阶段的时间的正确。否则,这个生产过程会受到第一阶段不规则的醒发时间的负面影响。在这个过程中会产生较多的酵母代谢产物和面团的变化。

在面包制作中,焙烤之前的最后阶段是最终的醒发过程。在此阶段,使已经形成了理想形状的面团在酵母的作用下发起来。面团既可以在面包的模板上焙烤,也可以在盘上焙烤,这个阶段要特别注意测量酵母产生的活性,因为它决定了面包发到规定要求的大小所需的醒发时间。醒发时间又受到温度、所用的酵母量以及前面几个步骤的影响。

焙烤过程对于达到规定要求的面包瓤结构、味和面包皮的颜色都会有影响。从微生物学的角度来讲,焙烤也是十分重要的,这主要是因为面包内部的温度也可达到 100 ℃,面包中所有的酵母都在焙烤过程中被杀死。

2.6.2　面包生产中的微生物学

（1）酵母的作用

对于不是在家中生产面包而是在工厂中生产的面包来说，在生产过程中需要使用面包酵母。家庭、小作坊制作可能是用前一天生产留下的"老面团"来继续以后的生产。最常使用的酵母可能是啤酒酵母。啤酒酵母在面团产气方面的作用得到了一致认可。同时，酵母对面团的发酵以及对最终产品风味的形成也起着积极的作用。

1）气体的产生

啤酒酵母必须能够利用面团中的碳水化合物才能足够迅速地产生气体，并有希望与面包生产速度相协调。麦芽糖和蔗糖产生气体的速度是很关键的。

通常用来生产面包的啤酒酵母有较高的转化酶含量。面团中的蔗糖会被迅速地转化成葡萄糖和果糖。利用葡萄糖和果糖这些底物产生气体通常是很快的，但是高含量的蔗糖也会抑制酵母。在高糖浓度的面团中，即便是最有效的酵母菌种，转化酶的产生水平通常也是很低的。

当加入面团中的蔗糖量较多时，几乎所有产生的气体都是来自蔗糖，而不需要麦芽糖的发酵。当酵母开始在不加蔗糖的面团中发酵时，葡萄糖和其他容易发酵的糖就会被迅速地利用，相应的糖就会减少，而此时芽糖酶的基因还未被诱导。因为对许多菌种来讲，麦芽糖不是易被利用的糖类。如果面团含有很少甚至不含蔗糖、葡萄糖的话，就需要迅速利用麦芽糖发酵。葡萄糖的存在阻碍了麦芽糖传递所必需的蛋白质（麦芽糖透膜酶）以及水解所必需的蛋白质（α-葡萄糖苷酶）的基因转录。另外，有些菌株不含有这些基因的强启动子，结果利用麦芽糖发酵速度就很慢，由于上述原因导致产气降低的过程称为"麦芽糖滞后"，在这段时间中麦芽糖利用的酶被合成。麦芽糖滞后大大减慢了气体产生的速度，对于不含酵母的面团，利用快速发酵工艺生产来说是极为不利的。

啤酒酵母较适于利用高糖的面团的发酵，而不适合用于不含酵母的面团的发酵。因为，这些菌株不能提供不含酵母的面团活性所必需的酶含量。

2）面团发酵酵母产生的 CO_2 使面团的 pH 值降低

pH 值的降低和所产生的酒精改变了面团的流变学特性。诸如酵母细胞壁上的三肽化合物，如谷胱甘肽的减少，将会削弱谷蛋白之间的连接，造成面团松弛，从而导致面包体积变小。

3）风味的形成

酵母及其代谢的产物是形成面包风味的原因之一。面团中含有 150 多种挥发性化合物，其中包括许多醇类、酯类、醛类、酮类和其他化合物。酵母的组分，例如蛋白质和氨基酸，在焙烤过程中也会产生一些反应。面包皮壳上 90% 的芳香物质是在焙烤中产生的。酵母、外源微生物、配料、过程参数和风味化合物的产生之间的关系是很复杂的，风味的感觉与分析数据之间的关系可能会更加复杂。

（2）理想的酵母焙烤特性

在发达国家中，有些面包师存在着一种不把面包酵母当回事的倾向。但是，酵母生产商可以提供多种特性的面包酵母，供面包厂来选择适合自己面包厂所采用的加工方法。

1）利用麦芽糖

前面已经提到，不含酵母的普通面团生产面包时所需要加入的酵母应有较好利用麦芽糖的理想特性。已经清楚啤酒酵母有 5 个 MAL 点可使酵母具有利用麦芽糖的能力。每个点都含有 3 个编码麦芽糖酶（α-葡萄糖苷酶）、麦芽糖透膜酶（一种传递蛋白）和一个正调节子基因。MAL 4 基因不受葡萄糖存在的阻碍，而其他两个则受葡萄糖阻碍，并要求用麦芽糖来诱导。较好地利用麦芽糖的酵母菌种可以通过一个简单的产气实验来进行筛选。

2）耐酸性

有些面团（尤其是在微生物群落中乳酸菌占很大比例的面团）由于乳酸和醋酸的存在，pH 值相对较低（低于 4.7）。在用这些面团时，采用不受低 pH 值或有机酸存在影响的酵母菌种是比较理想的。

3）耐冷冻和融化性

有些国家，如在美国用冷冻面团生产面包占很大的比例。这些面团生产后冷冻起来，使用时再融化、醒发和焙烤。因此，用于冷冻面团的酵母需要具有能够耐冷冻和融化的特性。面团一旦融化后，酵母仍然能保持令人满意的产气能力。由于酵母在冷冻储存中的稳定性和膨松剂的减少，加入面团中的面团酵母量通常要比加入普通面团中多 1 倍。酵母的存活性也受到冷冻、融化过程的影响，酵母细胞中一些低分子组分的渗漏也会减小谷蛋白的结构质量，使气体从面团中放出。

4）耐渗透性

一旦面团中糖的含量超过 5% 或盐浓度高于 2.0%，酵母的耐渗透性就成为一个重要的特性。在这种环境中，酵母的加量就需要多些。通常低转化酶活性是与耐高糖性有关，而不是自身耐渗透性相关的指数。其他因素，例如酵母产生并积累甘油和其低分子量的溶解物，对于决定酵母在高糖面团中良好表现也是重要的。

（3）面包中的其他微生物

面包面团和焙烤的面包中并不只含有单纯的啤酒酵母，而是一个包含着各种微生物的复杂的生态系统。有些微生物来自面包房的环境，有些来自面包的配料，还有些是有意加入的面包酵母或是取代面包酵母的微生物。

1）酵母

从面起子中可以分离出各种各样的酵母菌株。这些面团中还带有乳酸细菌和其他的细菌。面起子是可以作为面包制作中的其他酵母的重要来源。混合酵母菌种的使用在面包厂也很普遍，随着所用面粉和其他条件的不同，各面包房所使用的混合酵母菌种也不相同。即使在纯菌种的发酵中有时也能发现一些其他菌种，而且其中某种菌也可以形成优势菌种。很有趣的是，这些菌种甚至可以取代啤酒酵母。啤酒酵母以外的其他酵母菌株已经被人们用来研究啤酒酵母的活性是如何受到诸如高渗透压、冷冻和融化条件的影响。

在从意大利、西班牙和美国的面包房收集的混合酵母菌群中已经分离出了一些其他酵母，例如果实酵母、少孢酵母等。在面起子中也发现了诸如克鲁丝假丝酵母、星形假丝酵母和 *Candida milleri* 等酵母菌株。面包中还找到了假丝球拟酵母，它可以占到酵母菌群的 50%。

另一种有名的可用于面包制作的酵母菌是少孢酵母。旧金山发面面包厂对这种酵母做了非常翔实的分析和研究。研究表明，在它的 5 个厂中有 4 个厂的少孢酵母都是以单菌株形式存在的。在剩下的一个厂里少孢酵母也是优势菌株。此外，还存在少量的荷兰啤酒酵母。已经表明少孢酵母能够在低 pH 值(低于 4.5)的面起子中迅速地起发面包。

在日本,将具有耐高糖和冷冻融化能力的德氏圆酵母菌作为商业面包酵母。已经发现德氏圆酵母菌在含糖 30% 的甜面包的生产中比啤酒酵母的产气能力还要高。一种德氏圆酵母菌菌种已经取得了用在含糖 20% ~30% 甜面团的生产中的专利。然而,耐高渗透压的酵母菌种并不能应用在任何高糖条件中。据报道,耐高渗透压的罗氏接合酵母生产的面包的烘焙特性较差,在不含发酵粉的面团中活性也差,这是因为它们的麦芽糖酶活性较低。

对于除了啤酒酵母以外的其他酵母,用于冷冻面团的研究已经有许多。由于在加工过程中面团的水活度的变化,这就提醒人们要使用耐高渗透压酵母。已发现耐高渗透压的德氏圆酵母菌和罗氏接合酵母在冷冻、融化条件下保持着高活力,但在不含酵母的面团中这些酵母产气能力不太好。已经发现从自然界分离到的德氏圆酵母菌和耐热克鲁维氏酵母可以耐冷冻,但这些菌种不能发酵麦芽糖,所以在不含酵母的面团中缺乏产气能力。从香蕉皮上分离到的耐热克鲁维氏酵母已成功地用于冷冻面团生产面包之中。这种菌在冷冻面团中的应用也已取得了成功。已发现德氏圆酵母菌和 *T. pretoriensis* 要比啤酒酵母更耐冷冻。这样,将德氏圆酵母菌和啤酒酵母结合起来就可以生产出具良好稳定性和醒发质量的冷冻面团。

2)细菌

在许多面包中乳酸菌是微生物群落中重要的一部分。在黑麦面包中使用乳酸菌种是必需的。

(4)面包的腐败

由于面包的水活度相对较高(Aw =0.96 ~0.98),pH 值也较为适中,一般为 5.2 ~5.8,因此很容易发生腐败。虽然霉菌是最经常遇到的腐败菌,但是也会发生细菌所引起的腐败。不过由吃面包所引起的食物中毒情况很少发生。

1)黏丝腐败

面包和其他面食品所产生的称为"黏丝"的腐败往往具有特殊的甜味,具有类似于熟到快烂的瓜或菠萝的气味。在后期这种气味会增强,面包的颜色会变成黄色、棕色,通常出现明显的斑点或圆点。处于这个阶段的面包是柔软的,用手指可以拉出蜘蛛网一样的细丝。

黏丝腐败是由于枯草芽孢杆菌和一些在焙烤中耐热的产孢微生物的生长所引起的。通常枯草芽孢杆菌大量出现在土壤中,从这一点看,它是通过土壤中生长的谷物带到面粉中的。有时在酵母这样的面团配料中也会有发黏腐败菌的孢子,但通常比面粉中要少得多。枯草芽孢杆菌是面粉和面包厂产品中占优势的微生物,较差的卫生状况会增加面团中发黏腐败孢子的数量。经过焙烤生存下来的发黏腐败菌的孢子数量取决于其在最初面团中的数量、所存在的孢子的抗热性和焙烤的条件,不干净的设备也能导致焙烤后产品的污染。天然的或不加防腐剂的面包都会经常产生黏丝腐败的问题,较热天气下也常发生此类问题。

2)酵母和霉菌

面包是一种非常好的营养源,各种霉菌都能生长在充分湿润的面包上。面包皮比面包干燥,因此霉菌更容易在面包的切口表面上迅速生长。

由于配方和加工方法的不同,面包上霉菌生长的速度也快慢不一。黑面包上霉菌的生长比白面包更早一些,这主要是因为在较暗的表面上比较容易看见霉菌的生长。短时间工艺生产的面包的保存期要比发酵面团法生产的面包短,这种区别主要是由于在发酵面团法生产的面包中酒精的含量更高。

当非面包酵母的其他酵母大量地出现在面团中时,就会产生不愉快气味,得到味道质量较差的面包。这些问题在短时期工艺方法生产中出现得比较少,但当用长期发酵的发面或面团方法时常常会出现。面包在焙烤之后也能被酵母污染,并且发现污染酵母后所产生的气味通常是发酵的醇、酸和酮的气味。许多不同类型的酵母都可以在面包上生长,造成面包腐败的问题。毫无疑问,碰到最多的是啤酒酵母、丝状酵母(白地霉菌)和毕赤酵母也能常常碰到。这些丝状酵母存在时,它们能够在面包上较快地生长,在霉菌出现之前可以明显看见丝状酵母的生长。还发现过异常汉逊酵母的污染。但酵母污染的概率要比霉菌污染少得多。

2.6.3　面包酵母的生产及其微生物学

(1)面包酵母菌株的选择

啤酒酵母是最适合被称为"面包酵母"的酵母,这一点少有例外。然而,Meyen ex Hansen 啤酒酵母是啤酒酵母的一个种,它是包括面包、蒸馏酒、啤酒和葡萄酒生产酵母的一类酵母。近几年包括啤酒酵母在内的酵母属的分类已经有了相当多的变化。

因为历史上面包工业与酿酒工业有着密切的联系,有些酒精酵母可能还比较适合做面包酵母。但是从近代的生产要求来考虑,由于葡萄酒和啤酒酿造用的啤酒酵母菌株用来做面包酵母总的来说不能令人满意,因此必须按照功能来定义酵母菌株。各种食品、饮料中的啤酒酵母的特征已经表明,可以根据面包酵母和酒精酵母较高的葡萄糖分解活力把它们与其他用途的酵母区别开来,并且还发现面包酵母、酿酒酵母和威士忌生产用酵母菌株的 α-葡萄糖苷酶活性较高。将高葡萄糖分解活力和 α-葡萄糖苷酶活性这两个特征结合起来也能区别工业上使用的形形色色的啤酒酵母菌种。对于用于面包生产的啤酒酵母,还可从它们对葡萄糖的高生产速率、较高的最适生长温度和适中的 pH 值的性质将其与工业上其他的酵母菌种区别开来。

(2)面包酵母的生产

面包酵母的生产是文献中出现相当多的、受到普遍关注的一个主题内容。在这里只是一些简要的概述。

1)发酵

使用糖蜜为原料进行酵母发酵生产的发酵罐体积可达 150 m³。发酵罐上有通风和搅拌装置,以保证发酵罐内的液体混合良好和较适当地提供氧气。发酵过程还要控制温度和 pH 值。发酵罐上还备有可以在发酵过程中流加物料的装置,现代发酵罐上还备有用以测量尾气中酒精、二氧化碳和氧气的传感系统。

糖蜜是甘蔗和甜菜制糖过程中的副产物,这两种糖蜜在面包酵母生产中作为酵母基质在适用性方面略微有些不同。按照使用糖蜜的不同,人们使用的发酵方案也是各种各样。糖蜜在使用前需要稀释、加热杀死微生物营养细胞,以及加入适量的尿素和氨作为氮源。在培养基的配方中还要加入各种维生素和矿物质。

每批发酵过程的时间可长达 30 h,在获得产品之前,常常需要经过几个阶段。在有些阶段,开始时是将所配的组分都加入培养基中进行发酵(间歇发酵),最终的发酵是流加间歇发酵,将糖蜜逐渐地加到发酵罐中。

流加间歇发酵可保证糖被具有良好活性的面包酵母呼吸消耗,以达到最适产量。如果底物的浓度在临界浓度以上,即使在有氧条件下,啤酒酵母也将发酵碳水化合物,这就是著名的

Crabtree效应。同样,如果酵母生长速率超过了临界值,将会超过酵母的呼吸能力,底物也会发酵,甚至在有氧条件下也会发生。因此,如果酵母利用呼吸代谢生长,碳水化合物的量必须保持低水平。控制糖蜜的加入速率,维持一定的通风量(达到1.5倍发酵液体积/min),这些在酵母发酵业中是十分重要的。

发酵控制的目的是产生所需水平的蛋白质、碳水化合物和磷酸盐的酵母,最终的产品参数影响着酵母的特性。发酵参数,如温度、pH值、糖浓度和呼吸商(产生CO_2和消耗O_2的比)对酵母的特性也有很大的影响。酵母的发酵特性是酵母产品最有意义的特征。酵母生产者的任务是使用合适的原料,改变生产参数,使生产出来的酵母适合每批面包的生产过程,也可通过发酵参数来控制诸如保质期等面包性能。在收集酵母细胞时,较高的酵母发芽率将使产品的保存期缩短。发酵期间发生的微生物污染会造成酵母产量降低或酵母活性降低,经常造成这些问题的是大量的乳酸菌或野生酵母。

2)下游过程

发酵以后,需要收集酵母,然后加工成商品。通常是用离心机将酵母从发酵液中分离出来,然后用水洗涤酵母,去除颜色和残存的营养物质,因为这些营养物质的存在会造成酵母颜色变深,并更容易引起污染。浓缩后的酵母悬浮液通过一个压榨机或旋转真空过滤机去除水分,加入各种添加剂可以有助于这一过程的进行,从而生产出挤压或干燥的产品。

(3)面包酵母产品的类型

1)酵母乳

酵母乳是指发酵结束后,经过浓缩、洗涤大量培养物所产生的液体酵母,其中含有固形物16%~20%,不含添加剂。酵母乳的优点为:

①可以准确地控制酵母的活性。

②在大型面包厂使用方便,在生产中可将酵母通过泵送到各个使用点。

③能够准确地计量加入面团的酵母。酵母乳的使用量一般是压榨酵母的1.5~1.8倍。

酵母乳在4℃的保存期大约为14 d。在储存期间,酵母乳必须经常搅拌以保持其悬浮状。可以通过在酵母乳中加入植物胶或微生物胶来稳定地生产酵母。这种加入胶的酵母的特性和使用与一般的酵母乳相同,但是需要恒定搅拌。

2)压榨酵母

大家最熟悉的酵母类型是压榨酵母。它以块状或小的不规则的粒子(碎酵母)形式出售。酵母块状大小从家庭生产使用的质量约20 g的小块,到工业使用的质量约1 kg的大块不等。压榨酵母是通过板框压滤或旋转真空过滤机将水分除去来生产的。使用淀粉或其他物质在旋转真空过滤机上作为滤床,当然可能会有少量的淀粉进入酵母产品中。压榨酵母的固形物含量大约为29.34%,保质期约为4周(4℃条件下)。

3)干酵母

粉碎的酵母可以进一步加工成干酵母。20世纪20年代第一代干酵母商品出现。但是直到20世纪40年代才生产出高效的干酵母。在20世纪80年代的初期则开始推广使用活性干酵母和高效活性干酵母。

干酵母的固形物含量为92%~97%,生产中各种各样的添加剂用来辅助酵母的脱水过程,使用时辅助复水活化过程。活性干酵母的用量一般是压榨酵母的0.4~0.5倍。真空包装的活性干酵母可以保质12个月,尤其是冷藏保存时,保质时间较长。生产的高效活性干酵母

(也称为可速溶酵母)含有的固形物较多,在使用之前不需要复水过程。高效活性干酵母的用量为压榨酵母的 0.33 ~ 0.4 倍。这种酵母在真空下包装保质期可达 2 年。

2.6.4　酵母菌种的改良

由于纯培养技术是最早应用在酵母工业上的,因此,具有改良特性的酵母的筛选一直是酵母生产厂家的目标。然而,筛选出能够满足工业生产所有要求的酵母菌的方法十分有限,这是因为酵母有许多特性需要优化,包括这些特性的多基因性,工业菌种的多倍体、双倍体或非整倍体特性。然而,用传统的和重组基因的手段来改良酵母也已经取得了相当大的进展。

（1）传统方法

传统的遗传学技术已经很广泛地应用在工业用菌种的改良之中。单倍体菌种的诱变和杂交都已普遍用于改良酵母菌。由于诱变变异通常比较慢,因此双倍体酵母的诱变筛选还没有广泛使用。啤酒酵母的囊孢子有两种配型,分别为 a 型和 α 型。它们可以纯培养生长,然后诱变、筛选获得理想的特性。导入选择性标记可以产生和筛选出杂交子。这种技术已经成功地用于杂交菌种。这种菌种可以限制性地利用麦芽糖。这样,在一般面团中这种菌种是产气性能很好的菌种,在高糖面团中也是很好的产气菌。改良的结果,得到在很广的糖度范围内比亲本菌株更具适应性的杂交菌种。

（2）DNA 重组技术

DNA 重组技术使得构建具有特性的酵母菌株成为可能。对通常适合面包生产的酵母菌的某一方面的特征进行改良、提高是可能的。在很好地理解了酵母的遗传体系的基础上,可以消除传统方法中的许多盲目性。但是,令人遗憾的是工业上感兴趣的一些酵母特征往往是几个基因共同作用的结果,改造某一个基因并不能产生预先希望的效果。文献中有关使用 DNA 重组技术改造酵母菌的事例很多。这里列举的是两个有关构建适合各种糖浓度的酵母的事例,但这两个例子中使用的方法是不同的。

在高糖面团中产气好的酵母菌通常利用麦芽糖的能力差,这样在不含酵母的面团中就不能很好地进行发酵。为了克服这个问题,将高糖菌种中的麦芽糖透膜酶和 α-葡萄糖苷酶基因放在一个不产生葡萄糖抑制也不要求麦芽糖诱导的启动子的控制下,酵母就表达利用不含酵母的面团的麦芽糖,并且迅速产生气体以及具有高糖耐性的基因特征。

转化酶是胞外组成型酶类,可以迅速分解存在的蔗糖,增加面团中的渗透压。对于用于高糖面团中的酵母菌的转化酶的表达不理想的情况,人们通过将编码转化酶蛋白的 *SUC* 基因失活来降低转化酶的量。在有的例子中,单倍体或杂交菌的 *SUC*2 基因被一个含有选择性标记和一个可以插入酵母基因但取代原有 *SUC*2 基因的失活, *SUC*2 基因拷贝的转异细胞所破坏。转录的酵母菌具有较低的转化酶活性以及将高糖面团活性提高 20% 的特性。

用于面包生产的重组酵母菌的使用还没有被工业界广泛接受。上面谈到的增加麦芽糖酶表达水平的面包酵母菌种已经得到英国新食品与过程咨询委员会批准上市,但是,产品还没有进行销售。

2.7　发面团等产品

2.7.1　引言

将谷物磨粉后加入水就形成了面团,一段时间后就具有酸味、香味,并产生体积膨胀的特性。发面团发酵是人类应用微生物生产最早的例子之一,也就产生了用发面团来制作面包的工艺。焙烤醒发的面团可以追溯到公元前 1 500 多年前的埃及。对发面团微生物的研究也有近 100 年的历史。不是所有的发面团都用来焙烤。世界各地也有直接消费流质般的发酸面团的,土耳其的 Boza 人和非洲的 Mageu 人就是吃生食的例子,在欧洲过去也有这种吃生食的习惯。例如,苏格兰就以食用燕麦冻粉而闻名,甚至还有像啤酒一样的模棱两可的饮料。这些产品都可看成是酵母进行了酒精发酵的产品,都需要淀粉酶来分解淀粉这个过程。然而,如果没有一些特殊的防止措施的话,就像在发面团中一样,一定会出现乳酸菌、酵母联合生长现象,这种现象主要发生在由谷物生产的产品中,例如,Berliner Weife 酒就是有目的地利用乳酸菌-酵母联合发酵,因此具有很强的酸味特征。

发面团中乳酸菌-酵母的主要作用由研究发面团的微生物学先驱者所确定,例如,Holliger(1902)、Beccard(1921)和 Knudsen(1924)都发现由于发面团是中间体而不是产品,面团中微生物的活动只能以在微生物参与下产生的产品质量来衡量。这些质量特性包括产品的风味特征、营养价值和质感,也就是大小和气孔的分布、面包表面的弹性。从某种程度上讲,它的这些特征可以在乳酸菌-酵母联合发酵或没有化学物质的参与下得到。但是,传统的方法和各种新的改进方法都是依靠发面团中乳酸菌的代谢活动来达到的。按照一般定义发面团可以描述为一种"面团",它的微生物(例如乳酸菌和酵母)是来源于面起子或面起子的接种物,这些微生物具有代谢活性或可以被激活。加入了面粉和水,面团中的微生物就可以连续产生酸。

面包类焙烤食品就是在这些发面团的作用下生产出来的。这些食品包括前面提到的所有用小麦、黑麦,或两者混合生产的面包以及一些糕点,例如用杏仁、葡萄等做的松软的意大利著名糕点和各种蛋糕。发面团的另一个用途是用来生产苏打饼干。考虑到黑麦面包的主要部分和小麦面包的主要部分都是用发面团生产的,所以发面团的发酵生产作用显得非常明显。

2.7.2　发面团的微生物学

发面团中有效的内在因素是由含有碳水化合物、氮源、维生素和矿物质的谷物原料所决定。可发酵的碳水化合物在发酵过程中起着重要的作用。在 Rocken 和 Voysey 的模型研究中表明:在无菌条件下,或使用化学酸化条件下,葡萄糖、麦芽糖和果糖的浓度可分别积累到2.5%、1.8% 和 0.5%。水解酶的活性在很大程度上取决于生物因素和工艺因素,并受面包厂中如 pH 值、温度,或加入 NaCl 等因素的控制。

发面团中有效的外源参数是由工艺条件所控制,例如温度、氧化还原电势和水活度。水活度是由面团得率所决定的(即面团质量 × 100/面粉质量),或者由 NaCl 的加入量所决定。最后,发酵的时间和接种量的多少也会产生进一步的影响。在工业规模的面包厂里,发面团接种物的使用是一种艺术的境界,而工匠和作坊技术在某种程度上(尤其是小麦面团)则取决于当地偶发性的微生物的活动过程。这些微生物可能来源于谷物自身,或面包酵母的污染菌,或者面包房和磨粉的环境。据报道,在小麦和黑麦面粉中偶然分离到的乳酸菌,也已经出现在发面团中。无数众多的菌株就使人产生一种印象,即比较确定的或不太确定的微生物菌株群参与了发酵过程。然而,对某个当地的生产方法的确是如此。在分析已经繁殖了一段时间的发面团时,很明显会产生出选择一种菌种的结果,在表 2.12 中这么多样微生物菌落中通常会在数量上固定 1~2 种菌株,顺序上固定 3~4 种微生物。

表 2.12　小麦粉中的乳酸菌

杆 菌		球 菌	
同型发酵菌	异型发酵菌	同型发酵菌	异型发酵菌
棒状乳杆菌	纤维二糖乳杆菌	戊糖片球菌	粪肠膜明串珠菌
植物乳杆菌	短乳杆菌	小片球菌	
干酪乳杆菌	发酵乳杆菌	乳酸片球菌	
唾液乳杆菌		粪肠球菌	
弯曲乳杆菌		乳酸乳球菌	

对发面团的确切的微生物学因素知道的甚少,原则上讲,所有的发酵过程都有受到噬菌体侵害的危险。Bocker 等于 1990 年研究了商品发面团的微生物学,这种发面团已经使用了 60 年以上。这是一种连续增殖的发面团,在面包房中占的比重较小,从未观察到生产过程中受到干扰,并发现有两种特性菌株在产品中至少存在了 1 年。一种是旧金山乳杆菌,另一种则是桥乳杆菌,也没有任何迹象表明在面起子发酵中受到噬菌体影响。然而,作者却分别从分解的发酵乳杆菌和短乳杆菌中分离得到噬菌体。作者指出繁殖的面起子中噬菌体的存在能够对发酵过程造成有害影响。

发面团中存在的乳酸菌也能产生细菌素,可以为生产菌株提供选择性杀灭其他细菌的优势。1993 年 larsen 等从产生一种细菌素的当地发面团中分离出一株巴伐利亚乳杆菌。1995 年 Ganzle 等描述了从发面团中分离的旧金山乳杆菌和儒氏乳杆菌产生细菌素的形成过程。在详细研究了儒氏乳杆菌的抗细菌活性后,指出抗菌谱与面团中竞争性微生物相匹配。例如,活性化合物儒氏素 64 可抑制旧金山乳杆菌、蜡状芽孢杆菌和枯草芽孢杆菌等其他菌。对发面团中旧金山乳杆菌的抑制被认为是十分有用的,因为旧金山乳杆菌在面包中生长会造成面包的黏丝腐败。

Bocker 等按照生产工艺,将发面团分成 3 种类型。第一种类型是传统的面团,它的特征是通过连续(每天)增殖来保证微生物具有最高的活性,通过三步发酵工艺可以很好地实现这一过程。为了保证微生物达到最高活性,每一步都需要特别地调整好面团产量、温度(23~30 ℃)和发酵时间,第三步面团最佳的 pH 值为 3.9。部分的发面团留作种子面团,这种种子称为多菌种面起子培养素。对于这一类发面团,我们所熟知的有德国的“Anstellgut”、旧金山地区的“母面起子”、法国的“Le Chef”、西班牙的“Masa Madre”和意大利的“Madre”和“Capolievito”。很明显,黑麦、小麦或其他混合物生产的发面团中旧金山乳杆菌是最主要的乳酸菌。在有些面团中还能发现相当数量的异型发酵乳酸菌如食果糖杆菌、发酵乳杆菌和短乳杆菌。已经开发出的乳酸菌 16S rRNA 靶基因探针用于一些发面团中还不甚清楚的乳酸菌的鉴定。发面团的乳酸菌与酵母菌也有关系,主要的酵母菌有 *Candida milleri*、*Candida holmii*、少孢酵母和啤酒酵母。从发面团中还可以分离得到许多其他酵母菌种。与乳酸菌一样,发面团中通常还有一些源于面粉或环境中的污染菌。除了啤酒酵母外,一般没有什么菌种可以利用麦芽糖,但旧金山乳杆菌偏爱麦芽糖。乳酸菌和酵母菌特殊的紧密联系并不只限于西方国家所使用的发面团,在热带地区也发现了相似的东西。例如,1992 年 Hamad 等研究了苏丹用在 Kism 生产中的发面团,这种面起子是用高粱粉制作的,在 30～40 ℃ 条件下发酵,使用连续繁殖的发面团作种子。这种发面团含有发酵乳杆菌、糯氏乳杆菌和食淀粉乳杆菌。与这些菌相关的酵母菌鉴定为克鲁丝假丝酵母。食淀粉乳杆菌是重要的,因为这种菌株可以水解淀粉。

在第一类面团中存在的乳酸菌需要特殊的能够进行有效培养的培养基,例如,Homohiochii 培养基或旧金山培养基。这些微生物的相同之处在于它们对干燥保存相当敏感。直到最近,才刚刚能够购买到含有旧金山乳杆菌的干燥的种子商品。这些微生物对低 pH 值也很敏感,因此,将发面团保存在一般环境温度下时继续生酸会使这些乳酸菌逐渐死亡。同时存在的比较耐酸的菌株最后就会成为发面团中主要的菌株。

进一步阐述发酵和酸化微生物学变化就转向第二类发面团。这类发面团主要是提供酸化过程和风味物质。与第一类面团的三步发酵相比较,第二类面团是通过加入面包酵母来进行发酵。当应用耗时较少的一步发酵工艺时,酵母的加入是很重要的。一步发酵工艺通常要求单独的发酵周期,为 15～20 h。第二类发面团在德国使用最为普遍。它主要是依靠使用“Anstellgut”种子。“Anstellgut”种子要么是第一类发面团,要么是其他商售的种子制品。但是,在这类发面团的生产过程中,乳酸菌产生的气体量大大降低。第二类发面团可以制作得很大,可以在地窖中储藏 1 周时间,然后取出用于发面面包的生产。

在现代生产中,为了加快速度,通常将温度调整到大于 30 ℃;面团的用量,发酵的时间或配料(面包可加到发面团中)都进行了调整。非第一类面团中的乳酸菌都更具有竞争性,并且都用在种子的制备中。例如,Wiese 等从长期发酵的发面团中分离出一株同型发酵的乳酸菌株,鉴定为面包乳杆菌。这株菌种是制备发面团发酵生产用的种子的组分。在第二类发面团生产中,还有用来生产焙烤干燥助剂的“室内”菌种。1995 年,Bocker 等指出这类面团中的主要菌种是糯氏乳杆菌、约氏乳杆菌、旧金山乳杆菌和桥乳杆菌。

第三类面团是发面团的干燥制品。在干燥制品中存在的乳酸菌可以耐干燥,在干燥状态下也可以生存。在非直接产生的酵母面团中也能够发现乳酸菌发酵。从用于生产苏打饼干和法国棍子面包的面团中也已经分离到了乳酸菌。表明来源于酵母或面粉的作为污染菌而生长,在面团中的乳酸菌可以生长到很高的数量,这些乳酸菌对焙烤食品的质量有重要贡献。

在传统方法中用于发面团发酵的种子培养物已经作为 Austellgut 来使用。种子培养物本身就是发面团,已经可以在非无菌条件下生产。随着新的技术发展,纯菌种或多菌种的种子制品已经投入应用。1987 年,Spicher 和 Stephan 综述了商业上可以得到的种子制品。1988 年,Budolfson-Hansen 也报告了含有德氏乳杆菌或植物乳杆菌的干种子培养物,并且已经开发出来带有旧金山乳杆菌的冻干制品。最后,还可以得到带有植物乳杆菌、短乳杆菌、食果糖乳杆菌、桥乳杆菌和啤酒酵母的培养物。

2.7.3 发面团乳酸菌对工艺的影响

发面团中乳酸菌对工艺的影响基本上是通过降低 pH 值来完成的,不需要乳酸菌的发酵作用,而是通过在面团中加入乙酸、乳酸、酒石酸、磷酸或柠檬酸来完成。不同于小麦面团的是用黑麦制作的面团,它是通过降低 pH 值来达到适合于面包焙烤的目的。这种差异是由于缺乏谷蛋白导致。小麦面团中谷蛋白提供了连接水和保存气体的特性。这些特性在黑麦中由戊聚糖完成。戊聚糖的溶解性和膨胀性随着 pH 值的降低而增加,在 pH 值为 4.9 时,其溶解性和膨胀性达到最佳。此外,黑麦中的淀粉酶随着酸化受到抑制,这是一个十分重要的影响,因为黑麦淀粉的糊化(55 ~ 58 ℃)与淀粉酶作用最适温度在相同的时间区间。酸化也会对淀粉颗粒的结构产生正面的影响,使结合水的能力得到增强。

发面团也会影响到面包的营养价值。据报道,用发面团发酵生产的焙烤食品的血糖反应被降低了。此外,发面团面包中的矿物质的可利用性也增加了,因为主要存在于面粉中的矿物质是与植酸络合在一起,这样就不能提供营养。发面团低的 pH 值会溶解植酸络合物,使植酸络合物不易被酶水解,之后植酸就被面粉的内源植酸酶降解,植酸酶作用的最适 pH 值为5.4 ~ 5.5。发面团中的乳酸菌不可能促进面团中植酸的水解。因为乳酸细菌具有的植物酶活性很弱。这些发现与 1983 年 Salovaara 和 Goransson 以及 1991 年 Larsson 和 Sandberg 的发现相一致。这些作者发现,植酸在化学法酸化或微生物酸化的黑麦或小麦面团中降解到相同的程度。

最后,酸化对于防止不良发酵和面包的腐败是十分重要的。在发面团最适 pH 值条件下,可以引起黏丝腐败的枯草芽孢杆菌或梭状芽孢杆菌的生长和活性都会受到抑制。此外,正如1974 年 Brummer,1987 年 Salovaara 和 Valjakka,以及 1992 年 Barber 等的报道,用发面团制作的面包的无霉保质期要比酵母发酵或化学酸化的面团制作的面包增加许多。

为了保证面团的膨胀,还需要微生物来产生气体。发面团中的酵母菌和乳酸菌通过代谢会产生 CO_2。每种微生物对产生气体的促进作用会随着所用的种子培养基类型和面团的加工工艺的不同而不一样。很明显,传统发面团中异型发酵的乳酸菌对气体生成有很大的促进作用,甚至是决定性的作用。由于细胞的代谢活性正比于细胞的表面积而不是体积,所以酵母细胞产生的 CO_2 比旧金山乳杆菌这样大小与形状的细菌要多 10 ~ 20 倍。尽管发面团中的酵母细胞数只占整个细胞数的 1% ,但是可以推测,当代谢途径和微生物处于对数生长期的时候,酵母可以提供 15% ~ 20% 总量的 CO_2。在没有任何酵母时,旧金山乳杆菌可以保证面包膨胀起来。将对数生长期的旧金山乳杆菌加入面团中,可以获得体积比乳酸菌和面起子酵母共同发酵生产的面包略小一点的膨胀面包。如果面包酵母用在面团的制备中,发面团微生物菌群所产生的气体就显得不太重要了。

2.7.4 面起子中乳酸菌的生理学

对实际应用来讲,发面团中乳酸菌对碳水化合物的利用以及酸、气和风味物质前体物质的形成具有重要作用。1996 年,Hammes 等和 1997 年 Hammes 与 Vogel 总结了最有特点的菌株旧金山乳杆菌、桥乳杆菌对碳水化合物的代谢。与旧金山乳杆菌相比较,桥乳杆菌对缺氧条件要求比较高;对较强耐低 pH 值的能力要求也较高;对电子受体作为助物质的要求很高。这两种乳杆菌同样都适合利用麦芽糖,但是很少有不利用麦芽糖的菌株。

　　1971 年,Kline 和 Sugihara 最初对旧金山乳杆菌的描述中发现:从旧金山发面团中分离的菌株全部都是可以利用麦芽糖的。旧金山乳杆菌与后来被鉴定为 *Candida milleri* 的酵母菌有关,但是这株假丝酵母反而不利用麦芽糖,只偏好发酵葡萄糖。在移接到含有麦芽糖的培养基中,这些细胞可以迅速恢复发酵。旧金山乳杆菌包括一些可利用 8 种以上包括核糖、棉子糖在内的不同糖的菌株。在精氨酸水解和乳酸异构体的立体构象方面,也可以观察到一些依赖性特性菌株。84 株菌中大约有 60 株可水解精氨酸,有 18 株可以形成 95% 以上的 *L-(+)*-乳酸。

　　在桥乳杆菌中也有相似的异源现象。正如表 2.13 中所显示的,可发酵性糖的利用方式在 2 与 14 之间是不同的(利用方式在 2 的这株菌中有一株不利用麦芽糖),甚至包括对乳糖的利用方式上。这种异源性表明不是所有的菌种都适合于人工面团基质,异源性也给有关菌株自然生长环境问题留下了悬而未决的题目。

表 2.13　桥乳杆菌的生理特征

糖的种类	LTH 1735	LTH 2585	LTH 3572	LTH 3574	LTH 2587
甘油	−	−	−	−	−
L-阿拉伯糖	−	−	−	+	−
核糖	+	+	+	+	+
D-木糖	−	−	−	+	−
β-甲基木糖苷					
半乳糖	+	−	+	+	
D-葡萄糖	+	−	+	+	−
D-果糖	+	+	+	+	+
D-甘露糖	−	−	−	−	−
鼠李糖	−	−	−	−	−
甘露糖醇	−	−	+	+	−
山梨醇	−	−	−	−	−
α-甲基-*D*-甘露糖苷	−	−	−	−	−
α-甲基-*D*-葡萄糖苷	−	−	+	+	−
N-乙酰葡糖胺	−	−	−	−	−
苦杏仁苷	−	−	−	−	−
熊果苷	−	−	−	+	−
七叶苷	−	−	+	−	−
水杨苷					
麦芽糖	+	−	+	+	+
乳糖	+	−	+	+	−
蜜二糖	+	−	+	+	−
蔗糖	−	−	+	+	+

续表

糖的种类	LTH 1735	LTH 2585	LTH 3572	LTH 3574	LTH 2587
海藻糖	–	–	–	–	–
D-蜜三糖	+	–	+	+	+
淀粉	–	–	–	–	–
糖原	–	–	–	–	–
β-龙胆二糖					
松二糖	–	–	+	+	–
葡萄糖酸	–	–	–	+	–

注:以下化合物没有被利用:赤藓醇、D-阿拉伯糖、纤维二糖、松三糖、L-木糖、核糖醇、L-山梨糖、半乳糖醇、肌醇、菊粉、木糖醇、D-来苏糖、D-己酮糖、D-果糖、L-果糖、D-阿拉伯糖醇、L-阿拉伯糖醇、2-酮-葡萄糖酸、5-酮-葡萄糖酸。

发面团中,麦芽糖是最丰富的碳水化合物,对于发面团乳酸菌的麦芽糖代谢已经进行了比较详细的研究。1993 年,Stolz 等观察到旧金山乳杆菌在使用含有麦芽糖替代葡萄糖(2 mol/L)的培养基上,细胞的生物量增加了 1.5 ~ 1.7 倍。适应了麦芽糖的旧金山乳杆菌和桥乳杆菌在含有 20 mmol/L 麦芽糖的培养基中分泌出 8 mmol/L 以上的葡萄糖。在延长生长过程中,积累的葡萄糖被利用了。这些菌株的休眠酵母菌每利用 1 mol 的麦芽糖就可积累 1 mol 的葡萄糖,1996 年 Stolz 等的这些观察与利用麦芽糖节省能源的机理是相一致的。根据图 2.10 中反应 1,麦芽糖磷酸酶催化麦芽糖的磷酸裂解。在麦芽糖的培养基上,处于对数生长期的细胞缺乏糖激酶,造成葡萄糖的分泌。

正如 1994 年,Neubauer 等所示的,麦芽糖使用质子动力通过麦芽糖/H 系统被吸收,这套系统不受葡萄糖的影响。这表明存在两套独立的系统来分别运输麦芽糖和葡萄糖,在没有代谢能消耗情况下,将葡萄糖运输进入细胞,并由麦芽糖诱导系统催化完成葡萄糖分泌,进入培养基,此过程并不是由葡萄糖来完成的。

旧金山乳杆菌和桥乳杆菌的葡萄糖、麦芽糖代谢特征与这些微生物在发面团中的竞争性相一致。旧金山乳杆菌和桥乳杆菌优于大多数酵母菌之处,正是偏好利用丰富的麦芽糖,许多酵母都不利用麦芽糖。乳酸菌分泌的葡萄糖阻遏了诸如啤酒酵母对麦芽糖的竞争性利用。因此,留下的麦芽糖可供发面团中乳酸菌单独利用。

在乳酸菌的异型发酵中,1-磷酸葡萄糖按照 6-磷酸葡萄糖酸磷酸酮酶途径进一步代谢产生乳酸、乙醇和 CO_2。共同代谢和相互反应使面团中产生许多的改变,例如面团中柠檬酸、苹果酸、果糖或氧的存在会导致另外一些代谢物的产生,如甘露醇、琥珀酸、甘油和醋酸。1996 年,Hammes 等详细总结了这些反应。总的来讲,通过这些协同代谢途径中醋酸激酶反应会导致额外 ATP 和醋酸(图 2.10 中反应 17)的产生。为了达到这个目的,还原性物质,通常是 NADH 必须转移成协同代谢产物或代谢周转的中间产物,面团中麦芽糖与各种物质协同代谢的结果使旧金山乳杆菌和桥乳杆菌能够达到一个较高的生长速率和细胞产量。此外,醋酸的形成对于面包风味和面包的微生物稳定性的改进是十分重要的。面包中乳酸对醋酸的摩尔比可以定义为"发酵指数",并认为"发酵指数"在 2.0 ~ 2.7 是最适的。当发面团经过干燥作为焙烤助剂用于加速的直接发酵过程时,较低的发酵指数是比较理想的。

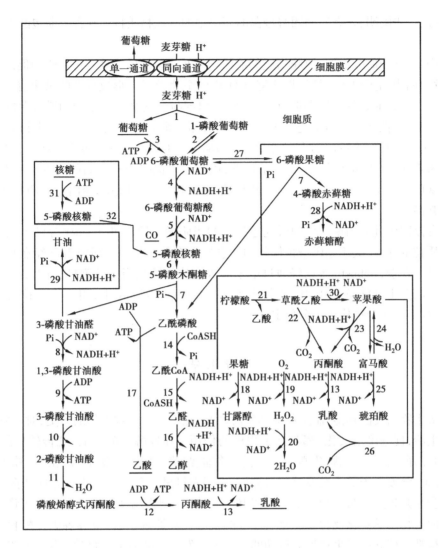

图 2.10　桥乳杆菌和旧金山乳杆菌的碳水化合物代谢

1—麦芽糖磷酸酶;2—葡萄糖磷酸变位酶;3—己糖激酶;4—6—磷酸葡萄糖酸途径的酶;

7—磷酸铜酶;8—13—糖酵解酶

　　乳酸菌代谢特性的研究采用技术手段来控制发酵指数提供了合理的方法。例如,Rocken 等已经证明,在面团中加入果糖或转化糖可增加醋酸的含量。1996 年 Gobbetti 和 Corsetti 通过在面团中加入柠檬酸也得出了相似的结果。

　　已经证实,用含有旧金山乳杆菌的发面团制作的面包的风味是最好的。正如 Rothe 和 Martinez-Anaya 所讨论的那样,促进面包风味的芳香化合物主要来源于焙烤中的非酶促褐变过程、脂肪酸氧化过程和微生物代谢产物。Hansen 发现面团中挥发性物质的浓度受到发面团中微生物群落的影响。1996 年,Damiani 等也已经证实,带有旧金山乳杆菌的面团与带有其他乳酸细菌的面团具有相似的挥发物质的特征状况。已经鉴定出的主要化合物有醇类(乙醇、丙醇、2-甲基-1-戊醇、1-庚醇和 1-辛醇)、醛类(3-甲基-1-丁醛、庚醛、反-2-庚醛、辛醛和癸醛)、醋酸和比较少的丁酸乙酯。这些化合物既可以从微生物代谢也可以从面粉中酶所催化的脂肪酸氧化产生,但清楚地分辨出这些芳香物质的价值并加以利用还是空白。Damiani 等和 Hansen

及 Hansen 进一步阐明,含有发面团酵母菌的面团中的挥发物质特征与含有面包酵母菌的面团不同。

面团中氨基酸和多肽作为风味物质的前体物质对面包的风味具有进一步的促进作用。已经发现,发面团中的蛋白质分解活性比酵母面团中高,因此可以形成更多的风味前体物质。蛋白分解活性主要是面粉的内源酶造成的。1996 年 Gobbetti 等研究了旧金山乳杆菌的蛋白分解活性,这个酶的特征是一个与细胞壁相关的丝氨酸蛋白酶。它的活性符合微生物对环境的适应性,因为这个酶对醇溶蛋白的作用比对 a31 和酪蛋白的作用表现出更高的活性,在发酵面团中,pH 值为 4.0~5.0,温度为 30 ℃ 的条件下,该酶也可保持相对较高的活性。氨肽酶、三肽酶和亚氨基肽酶位于细胞质中,而二肽酶则与细胞膜相连,与其他乳酸菌发面团相比,这些酶的活性尤其高。

关于发面团中乳酸菌遗传学的研究还处于初级阶段。1990 年 Lonner 等已经证明了旧金山乳杆菌质粒的存在,关于编码染色体外的信息还没有什么报道。研究者已经在对旧金山乳杆菌基因进行改造,Gobbetti 等已经通过电子导入方法将嗜热脂肪芽孢杆菌的 α-淀粉酶基因编码引入了旧金山乳杆菌 CB1 中,这个基因放在载体 pC194amy 上,用 3 个质粒载体进行转化,经过至少 140 代的传代还十分稳定。

本章小结

利用微生物的发酵功能,制造相应的发酵产品,在中国已有数千年的历史,对于发展生产,改善人民生活,促进民俗文化,都起到了积极的作用。在发酵食品方面,流传较广的有:野果酒、葡萄酒、酒曲、酱曲、补酒、药酒、酱、醋、茶、酱油、酱菜、腐乳、豆豉、泡菜、酸菜、榨菜、西仓芥菜、腌大头菜、腌萝卜干等。在发酵饲料方面,中国农村早已有一些发酵饲料的例子。

发酵食品是指经过微生物(细菌、酵母和霉菌等)或酶作用使加工原料发生了许多理想且十分重要的生物化学变化及物理变化后制成的食品。从原理上讲,世界各国发酵食品独特的风味和风格都是建立在微生物生命运动的基础上。发酵食品的微生物学不仅仅是发酵食品生产的重要生物学基础和实践原理,而且是微生物学重要的组成部分。发酵食品生产的原料、生产工艺地域文化的特异性本身就构成了发酵食品微生物学丰富的内涵和精髓。本章重点放在面包发面团、微生物增稠剂、动物饲料、酸菜、可可豆、茶叶等方面的介绍。

第3章

应用微生物与酶制剂

3.1 酶制剂在淀粉糖工业中的应用

3.1.1 循环经济支撑技术在淀粉糖上的应用

循环经济是一种以资源的高效利用和循环利用为核心,以"减量化、再利用、资源化"为原则,以低消耗、低排放、高效率为基本特征,符合可持续发展理念的经济发展模式,是对"大量生产、大量消耗、大量废弃"的传统增长模式的根本变革。在社会发展过程中,整体的循环经济包括资源开采环节、资源消耗环节、废弃物产生环节、再生资源产生环节、社会消费环节5个环节。

(1)膜分离技术的应用

膜分离技术正迅速成为淀粉糖行业进行组分浓缩、提纯及分离的十分重要的手段,能起到节能降耗、提高质量和产量、保护环境的作用。因此膜分离技术已经在淀粉糖行业开始应用,使用面较小,但可以预料其应用领域将会迅速扩大。

(2)色谱分离技术的应用

色谱技术的应用有:在果葡糖浆生产上,将 F42 的果葡糖浆先通过模拟移动床(SMB)分离得到 F90 的果葡糖浆,再与 F42 的果葡糖浆调配成 F55 的果葡糖浆;多元醇的分离(包括山梨醇、麦芽糖醇、甘露醇等);从麦芽浆中分离出葡萄糖生产超高麦芽糖浆;结晶葡萄糖母液的回收,生产高质量葡萄糖浆,可将较低的 DX 值糖浆分离得到 DX 值大于99% 的高纯度葡萄糖浆;在低聚糖生产上也可以进行分离。

(3)热泵技术

淀粉糖生产中还有大量废气未被利用。利用闪蒸余气、喷射余热、蒸发器余气等二次蒸汽加以回收利用,潜力很大,是节能降耗的重要途径。因此,可以利用热泵技术,同时考虑全厂的热量平衡利用,这是淀粉糖行业今后应该努力的方向。

(4)提高干物浓度

在行业内推广高浓度淀粉乳生产淀粉糖,将干物质浓度从目前相对密度为 1.13~1.14 提高到 1.16 以上,也就是将浓度从 30% 提高到 35% 以上,这将提高设备利用率,节约蒸发所消耗的能源。

(5)酶制剂的广泛使用

淀粉糖行业离不开酶制剂,酶制剂的多品种应用为淀粉糖行业的发展创造了必要的条件。新型高温淀粉酶可以实现高浓度淀粉的液化,新型复合糖化酶可以提高葡萄糖值并提高产品的收得率。

(6)淀粉糖行业的延伸发展

淀粉糖行业不仅在淀粉深加工领域继续向纵深发展,还不断将产品延伸,通过淀粉糖衍生出新的产品和新的领域。葡萄糖可以向山梨醇、葡萄糖酸盐系列等方面发展;麦芽糖、果糖可以衍生出麦芽糖醇和甘露醇等新产品。

3.1.2 DE 值的定义以及在淀粉糖生产上的要求

工业上常用 DE 值来表示淀粉糖的含量,即淀粉的水解程度或糖化程度,DE 值也称为葡萄糖值,是指糖化液中还原糖全部以葡萄糖计算所占干物质的百分比。

(1)液化过程

通常液化 DE 值控制是否得当将直接影响到糖化的结果,因此 DE 值在指导液化控制上非常重要。实际生产中,往往通过碘试反应来配合 DE 值的控制。具体来说,就是碘试反应呈棕红或棕黄色,而与 DE 值相对应往往在 13% ~15%,这种相互之间的对应关系一般都非常准确和吻合。

(2)糖化

随着糖化过程的进行,DE 值在不断地上升,这表明淀粉正在逐渐地被水解成更小的分子,直至葡萄糖。通过 DE 值的检测,能够大致知道糖化的进程,为及时终止反应提供判断的依据。根据产品的不同,糖化时 DE 值的变化也有所不同。对葡萄糖来说,糖化酶水解液化淀粉的速度相当快,一般反应十几个小时,DE 值就超过 90%,随着时间的延长,DE 值的增长变得缓慢,一般最高可以达到 97% ~98%。葡萄糖的复合反应会随着糖化时间的延长而使 DE 值慢慢下降,有时 1~2 h DE 值可以下降 0.5% ~1.0%。为防止复合反应的发生,可以选择转苷酶活力低的糖化酶或添加了普鲁兰酶的复合糖化酶来进一步提高 DE 值,同时,及时终止糖化反应也很重要。

3.1.3 液化酶的品种、区别及使用方法

液化酶即 α-淀粉酶,学名是 α-1,4-葡萄糖-4-葡聚糖水解酶(α-1,4-glucan-4-glucanohydro-lase,EC 3.2.1.1)。α-淀粉酶是在淀粉加工行业使用最多也是最主要的一种淀粉水解酶,是一种内切酶,其作用机制是能够随机水解淀粉链中的 α-1,4-葡萄糖苷键,使淀粉迅速被水解成可溶性糊精、低聚糖和少量葡萄糖,同时淀粉的黏度迅速下降。由于其水解产物的末端葡萄糖残基 C-1 原子为 α 构型,故称为 α-淀粉酶。

淀粉酶的来源很广泛,可以来自细菌和霉菌,也可以从动物内脏和植物中提取,当然其特性也有所差异,工业上使用的淀粉酶一般均来自细菌。淀粉酶通常在 pH 5~8 时稳定,所以根据淀粉酶的耐酸性,可以将其分为耐酸型和非耐酸型。淀粉酶的热稳定性也因酶的来源不同而不同,来自枯草芽孢杆菌的淀粉酶,其最适温度为 60~80 ℃,当温度超过 90 ℃时,其酶活力

迅速下降,属于中温淀粉酶。而来自嗜热地衣芽孢杆菌和嗜热脂肪芽孢杆菌的淀粉酶,则可以瞬间耐受超过 100 ℃以上的高温,这类淀粉酶属于耐高温淀粉酶,因为它们来源于不同的微生物,性能有所差别,又可称为"L"型和"S"型。

3.1.4　喷射液化的种类、原理、使用方法

喷射液化技术的问世是淀粉加工行业的一次技术革命的飞跃,伴随着酶制剂工业的不断发展,淀粉液化的水平在原有的基础上跃上了一个更高的阶段,并且逐步取代了其他的液化技术。喷射液化技术的关键设备是喷射液化器,其性能的优劣直接影响液化的效果,当然液化的效果与酶制剂的性能也密切相关,两者相互促进、相互依存。高温淀粉酶因其优良的耐热性,能使喷射器在更高的温度下进行气液的热交换,液化彻底,蛋白质凝聚好,有利于糖化的顺利进行和粉糖转化率的提高。因此,喷射液化技术是指采用耐高温淀粉酶作为催化剂的喷射液化技术。

(1)一次加酶、一次喷射液化工艺

一次加酶、一次喷射液化工艺是目前工厂使用较为广泛的一种液化工艺,它的显著特点就是工艺简单、操作方便、节约蒸汽、效果稳定。它利用喷射器只进行一次高温喷射,在高温淀粉酶的作用下,通过高温维持、闪蒸和层流罐液化,完成对淀粉的液化。

一次加酶、一次喷射液化工艺的具体方法是:酶制剂一次性添加到配料罐中,搅拌均匀后,通过泵的输送进入喷射器与蒸汽进行气液交换,淀粉乳迅速升温至 105 ℃,经过 5 min 左右的常压高温维持后,经过闪蒸器的气液分离,料液温度回到 95 ℃,进入层流罐继续维持液化。经过 90～120 min 后,结束液化,进入下一道工序。

(2)一次加酶、二次喷射液化工艺

一次加酶、二次喷射液化工艺与第一种基本相同,只是在层流罐结束后增加一次喷射液化,其主要目的是进一步将少量难溶性淀粉颗粒破坏,减少淀粉的阳性反应,同时使蛋白质进一步凝聚,有利于以后过滤除去。二次喷射的温度高于一次喷射,通常在 125～130 ℃,这样可以将高温淀粉酶的活力完全杀灭,及时终止液化反应。控制液化的 DE 值,这一点对某些淀粉糖产品(如葡萄糖、超高麦芽糖)的生产非常重要。

(3)两次加酶、一次喷射液化工艺

两次加酶、一次喷射液化工艺与一次加酶、一次喷射液化工艺的区别是将一次加酶分成两次加酶。由于一次喷射温度通常控制在 105 ℃,个别企业为了提高粉浆浓度或担心液化效果,有时会将温度提高到 108～110 ℃。在这样高的温度下,对酶的热稳定性绝对是一种考验。受到原料品种、底物浓度、液化 pH 值、酶制剂性能以及操作的影响,淀粉酶的活力有时会在高温喷射液化时部分失活,从而影响整个液化的效果。

综上所述,选择最适宜的液化工艺路线应遵循液化的"五大原则":即碘试反应合格、DE 值适中、蛋白质凝聚好、过滤速度快、透光率好。如今,节能降耗越来越成为企业追求的目标,用最小的代价达到最佳的液化效果,从而生产出质量最好的产品,就需要采用性能优良的酶制剂,帮助企业达到这一目标。不同的液化工艺没有绝对的好坏,它们都是为了达到好的液化效果,同时最大限度地发挥酶制剂的功效而设计出来的,所以各有利弊。各企业应该根据各自的实际情况(如使用原料、酶制剂品种、干物浓度、产品质量要求等),因地制宜地做出最佳的选择。

3.1.5　淀粉液化的标准和选择

液化的目的是使颗粒结构坚固的淀粉在高温及酶的作用下,水解成可被进一步水解的糊精和低聚糖,液化方法的选择应该从评价液化效果的标准加以判断,具体来说,可以分为下面几个方面。

(1)液化要均匀

液化均匀即液化液的 DE 值应该大致相同,糊精分子链长短分布应该基本一致,不要出现分子链或长或短的情况。要保证液化液的均匀一致,就必须使料液经历的液化时间相同,这可以通过合理的液化流程设计和选择性能优良的液化酶加以实现。

(2)蛋白质絮凝效果好

任何淀粉质原料都含有一定量的蛋白质,薯类淀粉蛋白质含量小于 0.1%,谷物类淀粉中的蛋白质含量小于 0.5%,而大米中蛋白质含量为 8%~10%。蛋白质絮凝效果的好坏直接影响液化、糖化、过滤和离子交换等后续工序,蛋白质絮凝效果好,结团大而紧密有利于蛋白质的过滤去除。

(3)液化要彻底

好的液化液在 60 ℃时比较稳定,不出现老化现象,不含有不溶性淀粉颗粒,液化液透明、清亮,碘试反应合格。

目前,采用一次液化工艺的工厂越来越多,一方面现在的液化工艺和设备性能越来越合理和完善,对常用的淀粉原料(如玉米淀粉、木薯淀粉及大米等),一次液化就能够达到要求,因此,基本上不需要进行二次液化。对大米而言,需要严格控制米的颗粒度。对淀粉而言,蛋白质含量控制得越低越好。除此之外,有些情况需要采取二次喷射液化,以保证液化的效果。

3.1.6　液化过程中防止淀粉老化的方法

液化过程是一个在高温条件下,淀粉结构被破坏并在酶的作用下逐步被分解并溶解的过程。在这个过程中,淀粉由不溶性的、坚固而稳定的晶体结构逐步变为可溶的、分散的、无定形的液体状态。酶的作用首先需要将淀粉坚固的颗粒结构破坏,才能够进入淀粉结构的内部进行水解,但有时候液化过程有可能逆向进行,即淀粉由可溶状态返回到不可溶的聚集的或晶体状态,这一过程称为淀粉的退减作用,也就是淀粉出现了老化现象。

(1)淀粉的浓度

淀粉的浓度与液化的效果有直接的关系。淀粉浓度低,液化淀粉的黏度也低,传热效果好,水的活度大,酶与淀粉接触容易,液化容易控制,老化淀粉自然就少。而淀粉浓度大,黏度也随之增高,水的活度变小,传热效率降低,酶与淀粉不易接触并催化水解淀粉,往往有不溶性淀粉产生。

(2)液化 DE 值

液化 DE 值的高低反映出淀粉被酶水解的程度,即被水解的糊精分子链的长短。液化 DE 值低,淀粉的聚合度高,碘试反应常常呈蓝色或紫色,表明有不溶性的淀粉存在。通常,液化 DE 值只有大于 10%时,碘试反应才呈现阴性,因此,液化 DE 值不能控制得太低。

(3)反应温度

高温能打破淀粉的晶体结构,因此,通过加热的方法来彻底打破淀粉颗粒中的晶体结构对消除退减作用更加重要。随着温度的逐步升高,淀粉的晶体结构逐渐被破坏,但即便温度达到

95 ℃,也不能保证所有的淀粉颗粒完全溶解。这是因为有些淀粉与脂质体结合在一起,其结构非常稳定,需要在 110 ℃ 高温下维持 5 min,才能完全将其破坏。在酶的作用下也需要 107 ℃ 左右。所以,要防止老化淀粉的产生,维持高温是非常重要因素之一。表 3.1 也清楚地表明温度对产生老化淀粉的影响。

表 3.1 温度对产生老化淀粉的影响

喷射温度/℃(维持 5 min)	DE 值(95 ℃,维持 2 h)	用 QptiBw ® 糖化后的碘试反应	
		液化液	糖化液(过滤前)
101	13.58%	琥珀色	绿色(蓝色 + 黄色)
103	13.02%	玫瑰色	浅绿色
107	11.19%	玫瑰色	棕色/琥珀色

(4)时间

液化时间长或液化时升降温速度慢,都会加快液化液老化。因此,液化时间不要过短,但也不可过长,一般控制在 90 ~ 120 min 为好。液化设备要做好保温层,隔热效果要好,防止在液化过程中温度因散热快而下降。另外,液化开始时的升温和结束后的降温速度要快,要选择性能良好的喷射液化器和换热器,目前大多数工厂采用薄板换热器来解决这一问题。

3.1.7 液化 pH 值对麦芽酮糖的影响

淀粉是由葡萄糖单元组成的具有网状结构的大分子聚合体,在酶的作用下,不断水解最后产生单个的葡萄糖分子。淀粉可分为直链淀粉和支链淀粉,淀粉链的一端具有还原性,称为还原性末端,而另外一端则称为非还原性末端。淀粉在高温及碱性条件下,淀粉链的还原性末端容易发生异构化,形成一个果糖,通过糖化酶的外切作用,最终形成一个葡萄糖与果糖,以 α-1,4-葡萄糖苷键连接的双糖,称为麦芽酮糖,也称为龙胆二糖。

通过高效液相色谱(HPLC)对糖样的检测结果,也可以清楚地看到液化 pH 值对麦芽酮糖的影响,具体见表 3.2。

表 3.2 液化 pH 值对麦芽酮糖含量的影响

单位:%

样品编号	液化 pH 值	DP_1(葡萄糖)	DP_2		DP_3	DP_{4+}
			总共	其中:麦芽酮糖		
1	5.6	96.56	2.60	0	0.36	0.48
2	5.6	96.33	3.06	0	0.30	0.30
3	5.6	96.13	3.21	0	0.38	0.28
4	6.2	95.00	4.24	1.14	0.46	0.29

注:DP_n 代表葡萄糖单元的聚合度。

3.1.8 淀粉酶灭活的方式和要求

α-淀粉酶是一种热稳定性高、耐酸性较好的淀粉水解酶,淀粉酶灭活的目的是要及时终止淀粉的液化反应,控制淀粉液化的水解程度,即 DE 值。控制液化的 DE 值对糖化反应非常重要,特别是对全糖化过程,如结晶葡萄糖生产,液化 DE 值的控制将直接影响最终糖化 DE 值的高低。灭活的方式通常有两种,即加热灭活和加酸灭活。

高温淀粉酶相对于中温淀粉酶来说,其耐热性显著提高。淀粉酶是一种金属酶,某些金属离子(如 Ca^{2+}、Na^+ 等)与酶的活性中心结合,可以显著增强酶的热稳定性。高温淀粉酶在底物和钙离子的双重保护下,酶的作用温度瞬间可以达到 105 ~ 108 ℃,虽然随着温度的进一步上升,酶的活力逐步下降,但是还有少部分酶活力残留。高温灭活所需的能源消耗将使生产成本进一步提高,对工厂来说这并不是一个经济的做法。出于对生产成本的控制,许多工厂基于节能考虑将二次液化改成一次液化。因此,对于高温淀粉酶的灭活应根据具体情况合理选择。

3.1.9 麦芽糊精生产技术要领

麦芽糊精又称酶法糊精、水溶性糊精、麦精粉等。它是一种具有广泛用途的淀粉衍生物,利用酶的作用将淀粉进行低度水解,成为一种水溶性的短链淀粉分子,DE 值通常在 20% 以下。

麦芽糊精的生产方法有酸法、酸酶法和全酶法。其中酸法和酸酶法需要使用精制淀粉,而且水解速度快,控制度大,目前已基本被全酶法所替代。全酶法工艺的关键是在液化过程的操作和控制上,而液化过程又分为间歇液化和喷射液化。在喷射液化推广之前,生产麦芽糊精大多采用间歇液化,使用中温淀粉酶进行液化。这种方法生产能力低,注意液化浓度不能太高,否则就会出现液化困难的情况。

(1)麦芽糊精工艺流程

麦芽糊精是采用淀粉酶经水解后制得,其工艺流程为:

淀粉酶

　　↓

淀粉→调浆→喷射液化→高温维持→闪蒸冷却→保温液化→二次喷射→闪蒸冷却→过滤→精制→喷雾干燥

(2)液化工艺操作要点

1)调浆

调浆应根据所生产糊精的规格合理地控制粉浆的浓度,一般控制在 30% 为好。对于生产 DE 值较高的糊精,可以将干物质浓度控制得高一些,而对生产 DE 值低的产品,则浓度应控制得低一些。

2)喷射液化

喷射温度越高,对淀粉的液化越有利。一方面可以使淀粉的颗粒结构被充分破坏,让酶可以深入淀粉内部进行水解,同时也可以完全破坏少量难溶淀粉及脂质体,保证最终成品的质量。

3)保温维持

喷射液化后,通过闪蒸装置将液化温度降至 95 ~ 98 ℃,在此温度下保温维持直至液化结束。

4)碘试反应

碘试反应是糊精生产中一项重要的指标,特别是对于生产低 DE 值糊精更是控制的难点。

3.2　酶制剂在味精工业中的应用

3.2.1　我国味精生产概况

我国味精行业发展迅速,特别是近十年来呈现跳跃式发展的态势,形成了"集团化、规模化"的格局。全国味精产量占世界总产量的 70% 以上,我国已经成为世界味精生产和科研的中心。我国味精产量年产量见表 3.3。

表 3.3　我国味精年产量

年　份	2010	2011	2012	2013	2014	2015
产量/万 t	256	253	210	215	211	212

3.2.2　味精生产工艺流程

在国内,发酵法生产味精主要以淀粉水解糖(双酶法生产的葡萄糖)为碳源,以液氨或尿素为氮源,采用适量的生物素流加糖的发酵工艺,使谷氨酸生产菌的细胞膜通透性以及代谢调节异常化,发酵积累谷氨酸,再经过冷冻等电或等电离子交换工艺提取谷氨酸。最后经过整合、除铁、脱色、浓缩、结晶、离心、干燥、过筛、包装等精制工序制成味精。

3.2.3　大米作为原料的处理流程

大米是我国南方地区用于味精生产的主要原料,其品种受到水稻种植品种的不同而种类繁多,质量也因贮存时间的长短而有所变化,大米的基本组成情况见表 3.4。

表 3.4　大米的基本组成

单位:%

类　别	水分	淀粉及糖分	蛋白质	脂肪	纤维素	灰分
粳稻米	14.03	77.64	6.42	1.01	0.26	0.61
籼稻米	13.21	77.50	6.47	1.76	0.20	0.56
精米	14.50	76.30	7.00	1.00	0.40	0.80

大米的清洗首先要在浸泡桶内放水,水位超出米层约 50 cm,用空气翻动,冲去泡沫,直至冲洗干净。常温加水浸泡,夏天 1~2 h,冬天 3~4 h。在浸泡的过程中,应注意中途换水,特别是在夏天要勤换水,防止大米在浸泡过程中发生酸败现象。通常要浸泡到米粒软化,可用手捻碎为止。

磨米时,要先排去浸泡水,再用清水冲洗大米。检查磨浆机,调节好磨浆的砂盘距离,尽量使粉浆控制在相对密度为 1.161 左右,以磨好粉浆用手摸无明显颗粒为好。

3.2.4 夏天配料 pH 值下降的原因和防治措施

在夏季高温环境下,无论是以玉米淀粉还是大米为原料,在配料工序中经常发生 pH 值下降的情况,导致液化效果的不稳定,操作难度加大。许多工厂对此感到非常头疼,却又没有好的解决办法。

造成 pH 值下降的原因很简单,主要是微生物污染。配料罐一般都与液化工序在一起,夏天车间的环境温度很高,空气湿度又很大,这给微生物的滋生繁殖创造了很好的条件。

3.2.5 **液化需要达到的要求**

液化方式因行业、原料、品种、规模等的不同以及液化工艺和设备的多样化,因此对液化的控制和要求也不尽相同,但是最终应该达到的液化效果应基本一致,归纳起来有 5 个标准。

(1)液化 DE 值

味精生产是以葡萄糖为发酵原料的,在生产葡萄糖时,液化 DE 值的控制不要太高,以 DE 值在 12% 左右为宜。

(2)碘试反应

作为指导生产的标准,碘试反应的颜色以棕红色为好,但不能有紫色或蓝色出现。通常呈现棕黄色或碘原色时,液化的 DE 值都会超过 15%,应该及时控制液化速度或者终止反应。

(3)蛋白质凝聚

任何淀粉质原料中都会含有一定量的蛋白质及其他杂质,蛋白质在受热时会发生变性,凝聚成不溶性固体。

(4)透光率

从外观观察液化液,无白色浑浊,清澈透明,是判断液化最简单的方法。

(5)过滤速度

液化液的好坏还可以用过滤速度来判断。很多工厂用滤纸过滤,通过测量每分钟流出液的体积或每分钟流下的滴数,来观察判断液化液的过滤情况,对液化效果进行评价。

上述 5 个方面是检验液化效果好坏的标准,各厂家应根据生产实际情况,按上述 5 个方面制订标准,这有利于液化操作的稳定与提高,更有利于产品质量的提高。

3.3 酶制剂在蛋白质加工工业中的应用

3.3.1 **酶法水解过程的指标**

蛋白质的酶解技术已经是蛋白质加工工业中应用较为广泛的技术之一。蛋白酶可以广泛用于蛋白质的提取、蛋白质的改性、生物多肽的生产等。但对于水解效果如何评判,如何确定水解程度,进而何时决定水解终点,这些都是蛋白质水解领域研究的重点之一。

当前评判水解过程的指标和方法有很多,包括水解度(DH)、提取率、三氯乙酸溶解度、相对分子质量范围等。不同的产品和应用领域,对蛋白质酶解过程具有不同的要求,所以对于水解过程也不存在单一的全能指标。如蛋白质提取过程,一般主要评价指标为蛋白质的收率;对于生物多肽的生产,则要考虑一定相对分子质量的肽类产品的比例等。

提取率常作为蛋白质水解过程中的宏观指标,一般针对蛋白质的提取过程而提出。由于方法简单、容易操作、易于判断,所以在蛋白质提取领域中经常用到。在实际工作中,根据实际情况,提取率也具有很多应用形式。

3.3.2　酶解蛋白的苦味问题

酶解蛋白的苦味主要与蛋白质中的疏水氨基酸有关,在完整蛋白质分子中,大部分疏水性氨基酸侧链藏在分子内部,不与舌上的味蕾接触,所以感觉不到苦味。在蛋白质水解过程中,疏水氨基酸暴露出来,就会呈现苦味。蛋白质中的疏水氨基酸含量越高,苦味越大。

苦味肽就是带芳香侧链或长链烷基的疏水性氨基酸的肽,它的链长可以短至 2～3 个氨基酸残基,也可以长达数十个氨基酸残基,但是链中至少有一个疏水性氨基酸(如缬氨酸、色氨酸、亮氨酸、异亮氨酸、丙氨酸等)存在,疏水性氨基酸一般位于肽的末端。

蛋白质酶解产物中苦味主要是由所含疏水性氨基酸的相对分子质量较小的肽形成,并且产生苦味的主要是位于肽链末端的疏水氨基酸。研究表明,苦味主要由相对分子质量范围为 1 000～5 000 的多肽引起。

3.3.3　蛋白质酶解过程的技术要点

酶制剂在蛋白质加工中主要的应用就是蛋白酶对蛋白质的水解。酶解过程受到哪些因素的作用? 如何选择合适的水解条件? 如何以最经济的方式来实现蛋白质的水解目的? 这些都是众多研究者研究蛋白质酶解过程的中心工作。下面对蛋白质酶解过程中的主要技术要点和原理做一个简单介绍。

(1)原料的预处理

蛋白质的生产原料众多,对于具体的原料种类,需要根据其特点进行预处理。其中主要有两条技术操作原则。

①释放蛋白质,保证蛋白酶和蛋白质的充分接触:蛋白酶只有同蛋白质充分接触才能发挥作用。对于带有细胞壁的蛋白质原料,如酵母原料,需要对其进行破壁预处理;另外对于一些纤维成分含量高,并且纤维组分和蛋白质紧密结合,对蛋白质存在包容的原料(如米糠蛋白等),首先应对其进行去除纤维成分,有利于蛋白酶对蛋白质的水解作用;最后,对于一些形状较大的粗蛋白质原料(如水产品、畜类蛋白等),对其粉碎处理,可以大大加快反应速度,降低蛋白酶用量,并且细度越高,蛋白酶接触的概率越大,水解效果越好。

②蛋白质的变性处理:对于天然蛋白,蛋白质分子呈现紧密、有规则的空间构型。蛋白酶的水解作用需要底物具有合适的位点,所以蛋白酶对天然蛋白的水解效率低,甚至不能水解,如蛋白酶对胶原蛋白的水解等。对蛋白质进行预处理,使其规则结构解体,更多的内部基团暴露出来,将会有效提高水解效率。

(2)酶的选择

蛋白酶的种类很多,如何选择合适的蛋白酶,对于酶解目标的实现也很重要,蛋白酶选择的基本要点如下:

①卫生指标要求:蛋白酶分为医药级、食品级、工业级等各个级别。

②酶解效率、特点的选择:不同蛋白酶作用的位点不同,选择性也不同,所以水解效率的差

异也很大。

③杂酶的影响:最后需要指出的是,对于工业化酶制剂产品,酶制剂往往是一种混合产品,除含有一些杂质外,还会含有其他酶系。

(3)水解条件的选择

影响蛋白酶发挥作用的水解条件包括温度、pH 值、加酶量、底物浓度、搅拌等。

(4)水解方式的选择

对于单一酶种,加酶方式分为一次加酶、多次加酶,一般多次加酶程序复杂,但可以减少蛋白酶用量,一般适用于酶价格较高、酶加量较大的酶解条件。

对于蛋白酶的复合应用,还可以分为一次加酶、分步加酶。利用分步加酶,可以针对不同蛋白酶的特性改变相应的反应条件,并且与一次加酶的水解效果也有差异,包括水解度、相对分子质量分布等。另外对于分步加酶,不同的加酶顺序对于水解产物的效果,如相对分子质量范围等也会产生不同的影响。

3.3.4　利用酶技术对大豆蛋白进行改性处理

酶制剂的发展为产品功能的改进开辟了新的发展空间,其需要的设备简单,大多数大豆分离蛋白厂家设备不需要大的调整就可以生产多种高增值产品,利用酶技术对大豆蛋白进行改性处理是分离蛋白厂家拓展竞争力、提高生存能力的一条方便之路。

(1)注射型分离蛋白

产品用于整块肉制品的盐渍液中,可以减少肉制品的蒸煮损耗,提高肉制品的弹性和切面质量。由于产品通常添加量比较小,在3%以下,所以对苦味可以不做严格控制。该类产品要求具有较低的黏度,同时,要求在一定范围内控制起泡性的升高和凝胶性的减弱。

(2)乳制品用分离蛋白

普通的乳制品中蛋白质含量比较低,在其中添加分离蛋白具有良好的市场前景;同时,从营养学上讲,大豆蛋白含有人体所必需的各类氨基酸,是一种完全蛋白质。1999 年 FDA 已经正式认可大豆蛋白的保健功能,对其降胆固醇功效进行了认定,是一种良好的保健原料。

(3)其他功能型分离蛋白产品

分离蛋白在食品中的广泛应用,主要在于其良好的功能性能。在酶解过程中,分离蛋白的功能特性,如溶解性、黏度、起泡性、乳化性、凝胶性、持水性、持油性都会产生变化。上面介绍的两种分离蛋白是目前市场上应用得相对比较广泛的酶解蛋白种类。根据市场需求,对分离蛋白进行有限酶解,选择不同的酶的种类,采用不同的酶解条件,也可以开发其他不同功能性的产品,如酸溶性分离蛋白、高起泡型分离蛋白、高乳化型分离蛋白等。

3.3.5　生产大豆多肽

由多个氨基酸缩合而成的化合物称为多肽。多肽与蛋白质都是以 α-氨基酸为组成单位,它们之间没有严格的区分,一般是将相对分子质量在 10 000 以下的统称为多肽。大豆多肽是以大豆、豆粕或大豆蛋白为主要原料,用酶或生物方法水解而得到的一种蛋白质水解产品,作为一种新型的保健品原料,大豆多肽近年来是市场上的消费热点之一。据研究,具有生物活性的多肽相对分子质量通常在 1 000 以下。

多肽对比大豆蛋白,具有低致敏性特点,由于相对分子质量小,人体吸收率高,可以被人体直接吸收;另外还具有降胆固醇、降血压、抗氧化、能使人迅速恢复体力并提高耐力等保健功能。同时,大豆多肽还具有高溶解度、酸溶性、低渗透压,高稳定性等应用特性。良好的性能保证了产品具有广大的市场应用前景。

制备大豆多肽的原料包括脱脂豆粕、分离蛋白等,由于分离蛋白的蛋白质含量高,杂质少,并且工业化程度也较高,所以目前大豆多肽主要以分离蛋白为生产原料。

大豆多肽生产的基本工艺流程如下:

大豆分离蛋白→酶解→分离→精制→干燥→大豆多肽产品

多肽的生产关键在于酶解的控制和后期处理。酶解的控制一方面是酶的种类的选择,保证酶解彻底均匀,同时尽量减少苦味物质的产生;同时,选择不同酶的种类和反应条件,酶解产品能呈现不同的生物活性。另一方面,控制大豆多肽的相对分子质量在一定范围,相对分子质量的分布情况决定了产品的品质和价格高低。后期处理目前通常用膜技术或溶剂方法进行处理,可使多肽的相对分子质量分布更加均匀,一些高质量的多肽产品还需要采用脱苦、脱盐等工艺,对多肽进一步加工。

目前,对大豆多肽研究得比较多。张国胜等对比了不同种类的蛋白酶(中性蛋白酶、外肽酶、碱性蛋白酶和复合蛋白酶)制备多肽的抗高血压活性。研究表明,水解度和 ACE(血管紧张素转换酶)的抑制无显著关系,同时,AS1389 中性蛋白酶水解产物的活性达到最高。

吴建中等用复合蛋白酶对分离蛋白进行酶解处理,研究表明,复合蛋白酶对分离蛋白的水解过程是个不均匀的过程,尽管经过长时间的水解过程,DH 值可达到 11.6%,水解液中仍然含有大量的蛋白质大分子。刘光辉用碱性蛋白酶制备多肽产品,水解度达到 14.5%,产品中相对分子质量小于 1 000 的多肽含量达到约 72.1%。研究者们通过不同种酶的组合,都证明了对蛋白酶复合的使用,可以提高水解度、降低苦味。如刘通讯等先用碱性蛋白酶和中性蛋白酶复合对分离蛋白进行水解,然后用米曲霉发酵生产的肽酶进一步水解,证明分步水解效果比单步水解好,产品多肽含量比单步水解高 12% 左右。

当前,国内已有多家大豆多肽生产厂家,如武汉天天好生物制品有限公司、山东中食都庆生物技术股份有限公司、哈尔滨乐能生物股份有限公司、哈高科大豆食品有限责任公司等,产品价格也有很大差别,产品的主要差别在于产品中多肽组分和其他杂质的含量,在当前国家行业标准中,大豆多肽粉的多肽含量有 55%、70%、80% 3 种规格。

3.3.6　米糠蛋白的生产

米糠蛋白虽然含有 70% 以上的可溶蛋白质,但目前米糠的挤压稳定化工艺、米糠榨油过程中的高温脱溶工艺都对米糠蛋白溶解度产生了很大影响,从而造成了蛋白质提取和应用的困难。同时,米糠中含有大量的纤维素、半纤维素、多糖和植酸等组分,这些组分和蛋白质结合紧密,也进一步增加了米糠蛋白的提取难度。

米糠蛋白提取的方法包括碱法提取和酶法提取,碱法提取米糠蛋白成本低、工艺简单,但因为有毒成分产生,难以满足食品要求。而酶法提取具有专一性强、条件温和、无副反应产生等优点,可以用于生产食用级蛋白质产品,目前酶法提取米糠蛋白也是米糠蛋白提取研究的主要方法。

酶法提取米糠蛋白所用的酶系主要包括以下几类。

（1）非淀粉多糖酶（NSPE）和植酸酶

利用纤维素酶、木质素酶、木聚糖酶等酶制剂的作用，将纤维素、半纤维素、木聚糖等降解成短链寡聚糖，从而切断多糖基质中的连接，释放出更多的蛋白质。表3.5是对不同添加量纤维素酶对米糠蛋白质收率的影响。

表3.5　纤维素酶不同添加量对米糠蛋白质收率的影响

酶用量/（U·g^{-1}）	蛋白质收率/%	酶用量/（U·g^{-1}）	蛋白质收率/%
10 000	50.23	40 000	54.75
20 000	56.12	50 000	55.08
30 000	53.84		

另外，用植酸酶水解植酸盐中的磷酸基团，从而切断蛋白质与植酸的连接，也可以提高米糠蛋白的溶解性和纯度。不同的研究证明，利用非淀粉多糖酶和植酸酶相结合，可显著提高米糠蛋白的提取效果，蛋白质收率可达到75%左右，最终产品蛋白质含量也能达到92%。但需要指出的是，这类酶系是通过对米糠中的纤维成分、植酸成分的水解来增加蛋白质的溶出。所以这种方法不利于对米糠中膳食纤维和植酸的综合提取和利用，并且这两类酶系价格普遍较高，也进一步影响了工业化的可操作性。

（2）蛋白酶

利用蛋白酶的作用，使不溶性蛋白质水解成为小分子蛋白质或肽，溶解度提高，从而有助于对米糠蛋白进行提取。相关研究证明，蛋白酶的提取效果要比其他酶的作用好。总体上，碱性蛋白酶（包括微生物类型的碱性蛋白酶和胰酶）的提取效果要好于中性蛋白酶的作用，中性蛋白酶的作用要好于酸性蛋白酶的作用；但碱性蛋白酶的作用会产生更多的疏水残基，从而苦味最为明显，需要进一步利用外肽酶等对其进行脱苦处理；随着水解度的提高，提取率上升，但如果水解度过高，得到的产品将是米糠的小分子蛋白质和肽的混合物，产品的功能性和应用将会受到局限。所以，为保持米糠蛋白一定的功能性能，一般需要控制合适的水解度。Hamada等利用碱性蛋白酶对米糠蛋白进行提取，在蛋白质水解度（DH）达到10%时，蛋白质提取率达到92%，比对照组提高约30%。另外，结合十二烷基硫酸钠、亚硫酸钠等二硫键破坏剂的作用，水解度为2%时，蛋白质提取率从74%提高到84%左右。

（3）淀粉酶

米糠中含有部分的淀粉类碳水化合物（其含量约为30%），用淀粉酶对其进行处理，使其水解为可溶性的糊精或小分子糖。对这些组分进行去除，可以提高最终产物的蛋白质含量和膳食纤维的纯度。除去杂质作用外，对淀粉类物质进行水解，也有利于蛋白质的溶出，李喜红等的研究表明，加入α-淀粉酶，米糠蛋白的提取率由对照组的16.7%上升到44.2%左右。虽然也有研究表明，一些纤维素酶系的提取率要高于淀粉酶的作用，但是，一方面，淀粉酶对于米糠中的纤维成分没有破坏，有利于对米糠膳食纤维的综合开发；另一方面，可能也是更为重要的，淀粉酶的工业化程度高，商品价格远远低于非淀粉多糖酶（NSPE）制剂的价格，利用淀粉酶的作用，可以降低米糠蛋白的开发成本。目前，对于米糠蛋白的开发仍然局限于实验室阶段，遇到的主要问题如下所述。

1）开发难度和成本控制

米糠的原料成本低廉，但对比其他已经成熟商业化的蛋白质原料（如大豆蛋白、大米蛋白、花生蛋白等），米糠的蛋白质含量相对较低；另外，如前所述，米糠蛋白的提取难度较大，需要价格相对昂贵的酶制剂的辅助，所以整体上单独开发米糠蛋白成本较高。因此，不应该片面追求蛋白质的提取，而忽视米糠中其他成分的开发利用。需要对其工艺做综合评估，选取最合适的提取工艺，通过开发其他增值产品来弥补米糠蛋白提取的高成本，这样才更有利于米糠蛋白的商业化开发。

2）产品功能性能

在当前米糠的加工工艺中，米糠的挤压稳定化，以及榨油过程中的高温脱溶工艺对米糠蛋白的功能性都产生了影响。而蛋白质功能性的优劣，能在一定程度上决定蛋白质产品的市场价值。所以，类似于大豆蛋白的生产，在米糠加工的前期阶段，就要考虑米糠的功能性问题，通过低温脱溶等相关技术，尽量控制米糠蛋白的变性程度。

3）应用市场的问题

应用市场也是局限米糠蛋白商业化的主要问题。虽然也有一些米糠蛋白功能性的研究，但相对比较有限，并且单论功能性，对比大豆蛋白，米糠蛋白很难具备性价比优势，所以必须为米糠蛋白寻找合适的、高增值的应用领域（如功能食品、婴幼儿食品等），才可能促进米糠蛋白的开发。

3.3.7　酵母抽提物的生产

酵母抽提物的生产原料包括面包酵母、啤酒酵母、葡萄酒酵母等，我国主要用面包酵母为原料生产酵母抽提物，如湖北宜昌的"安琪"、广东的"一品鲜"。欧美国家主要以啤酒生产的下脚料为原料来生产酵母抽提物，随着多年的发展，我国啤酒行业的啤酒产销量已经连续 12 年全球第一。啤酒产量已经占据世界总产量的 1/4 以上。国家统计局数据显示，2015 年中国啤酒市场受经济增速放缓、消费环境整体低迷等因素影响，产量创近五年最低。2015 年 1—12 月，全国累计啤酒产量 4 715.72 万 m^3，同比下降 5.06%，减产 251.41 万 m^3。这种消费量趋于饱和对啤酒企业实现预期销量增长也有着压力，以燕京啤酒为例，2014 年全年生产销售啤酒 571.4 万 m^3，同比增长 5.8%，但 2015 年三季度报表显示，该公司 1—9 月，实现啤酒销量 471 万 m^3，同比下滑了 3.88%。青岛啤酒前三季度销量 815 万 m^3，同比上升 8.23%，不过该公司往年均保持双位数增长。所以对啤酒酵母抽提物的研究，也是国内研究的热点之一。

酵母抽提物的生产方法主要有 4 种：自溶法、外加酶水解法、酸水解法、机械磨碎法。其中，工业上主要采用前两种方法。

自溶法是利用酵母本身含有的蛋白酶系、碳水化合物酶系、核酸酶系等将酵母体内的糖类物质、蛋白质和核酸等分解为氨基酸、肽类、核苷酸、小分子糖等小分子物质并将其从酵母细胞内抽提出来的一种方法。自溶法使用的原料是存在酶活性的新鲜活酵母，它主要通过环境条件的改变如温度、pH 值等或在一些自溶促进剂的作用下，使酵母细胞的生物膜超分子结构发生变化，致使水解酶类与其相应底物间的正常空间位隔消失，水解酶得以释放并激活。在酵母自溶过程中，由于其自身酶系的酶活力有限，并且随着自溶的进行，酶活力不断降低。酵母自溶过程周期很长，容易引起杂菌繁殖。因此，一般在酵母抽提物的生产过程中，需要通过外加一定量的蛋白酶或核酸酶来加速酵母的自溶。

自溶法酵母抽提物的生产工艺流程类似,如下所示:

新鲜酵母→预处理→10%~15%酵母液→破壁处理→加入自溶促进剂

粉状产品←喷雾干燥←自溶上清液←离心分离←灭酶←恒温自溶处理

膏状产品←减压浓缩←┘ 　　　　　自溶残渣

工艺流程操作要点如下。

（1）预处理

对于啤酒酵母,因为酵母中含有麦芽根、酒花、残余啤酒等各种杂质,所以,需要对原料进行预处理。首先对压榨啤酒酵母加水搅拌均匀,5 000 r/min 离心洗涤,直至无泡沫、无啤酒味道为止,然后用一定尺寸的筛网进行过滤,除去残留在酵母泥中的啤酒成分及其他苦涩物质和不溶性颗粒状杂质。自溶前一般采用一定浓度的碳酸氢钠对废弃啤酒酵母进行 2~3 次处理,可使酒花成分皂化分解,去除苦味,并能有效地除去其他杂味和酵母味道。

（2）破壁处理

成熟酵母菌的细胞壁质量占细胞干重的 25% 左右,其主要成分为"酵母纤维素",它呈三明治结构——外层为甘露聚糖,内层为葡聚糖成分,中间夹杂着一层蛋白质。有些酵母还含有少量的几丁质。

在酵母自溶过程中,酵母细胞壁很少降解,只是发生某些结构上的变化,从而使酵母细胞壁的通透性增加,有利于降解产物及酵母本身的小分子物质通过扩散作用渗入介质中。因此,通过破壁处理可以对酵母细胞壁进行一定程度的破碎,诱导及促进酵母自溶,加强扩散作用,提高收率及产品氨基氮的含量。常见的破壁方法有碱处理、高压均质、超声波处理、破壁酶处理等。

酵母破壁中用到的酶包括葡聚糖酶、甘露聚糖酶等,通过这些酶的作用,可以使细胞壁上的孔隙增大,细胞壁疏松,有利于细胞内生物大分子的溶出,从而提高酵母抽提物的收率。

（3）自溶步骤

在酵母自溶过程中,随着水解反应的进行,各类水解酶的活性越来越低,因此必须考虑外加酶。常用的外加酶如下所述。

①蛋白酶:由于酵母细胞内 35%~45% 为蛋白质,因此在酵母抽提物生产过程中一般都要外源蛋白酶来加速蛋白质的降解,外加蛋白酶对于收率和上清液氨基氮总量的增加有着明显的作用。蛋白酶水解蛋白质时,由于各种酶的作用位点不同,其产物也不相同,故采用复合蛋白酶水解会使切点增加,裂开肽键增多,从而有助于酶解的深入进行,使产品收率提高。同时,利用外切酶的作用,还可以提高酵母抽提物的氨基酸含量,减少苦味产生,有利于其风味的提高和改善。

②核酸类酶:在酵母自溶过程中,核糖核酸（RNA）的酶解是非定向的,其产物也较多,可能为 5′-核苷酸,也可能为 3′-核苷酸,即使生成了 5′-核苷酸也会在酵母自身体内 5′-核苷酸酶的作用下进一步分解为核苷和碱基,最终导致产品中 5′-肌苷酸（5′-IMP）及 5′-鸟苷酸（5′-GMP）呈味核苷酸的含量偏低。在酵母抽提物工业化生产中,呈味核苷酸的含量是至关重要的,所以一方面可以通过调整酶解条件,控制 RNA 的水解方向;另一方面,通过加入 5′-磷酸二酯酶和腺苷酸脱氨酶,可以将 RNA 定向水解为 5′-核苷酸,同时将 5′-腺嘌呤核苷酸（5′-AMP）降解生成呈味核苷酸 5′-IMP,从而提高呈味核苷酸的含量。

③葡萄糖氧化酶类:对于酵母抽提物生产的传统自溶法,在长时间的自溶过程中,酵母中的糖原分解成低糖和单糖,研究表明,经过破壁处理的酵母浆已有近 50% 的糖为葡萄糖。由于美拉德反应等复杂过程的综合作用,酵母自溶液的色泽会发生褐化,最后导致酵母抽提物色泽和风味的变化,色泽加深也不利于酵母抽提物在一些要求浅色的食品中的应用。研究表明,自溶前采用葡萄糖氧化酶进行除糖处理,自溶 36 h 后色泽仍然保持淡黄色,并且产品表现出良好的呈味性能。

(4)灭酶

自溶结束后,可以迅速升温至 95 ℃左右,保温一段时间,一方面达到灭酶效果,另一方面,可以促进美拉德反应的发生,从而赋予产品特殊的肉香味。

对于外加酶法,一方面,可以利用啤酒、葡萄酒、酒精生产中的废菌体为原料,也可以利用废纸浆培养的酵母、乳糖培养的酵母等多种酵母为原料;另一方面,利用酵母菌体内没有的各种酶类,设定各种条件,制备得到多种自溶方法无法得到的制品。但外加酶法的缺点是需要添加多种酶制剂,成本相对较高。因此,外加酶的工艺一般适用于高档酵母抽提物的生产,日本由于其酶制剂工业发达,大部分的酵母抽提物都采用酶法工艺生产。

3.3.8　植物水解蛋白的生产

植物水解蛋白是对植物蛋白质原料,如大豆粕、棉籽粕、谷朊粉等进行酸解或酶解得到的一类植物蛋白水解产品,其具有一定的呈味性能,作为调味基料用于调味品加工领域。植物水解蛋白在欧美被称为 HVP(Hydrolyzed Vegetable Protein),在日本被称为氨基酸液,在我国它通常被称为水解氨基酸调味液。

水解植物蛋白作为风味剂在食品中大量使用,被添加到许多加工和预加工食品、汤、肉汁混合物的风味快餐和固体汤料中。HVP 生产的主要原料有大豆粕、花生粕、谷朊粉等。生产 HVP 工艺主要有酶法和酸法两种。传统的生产工艺是将植物蛋白用浓盐酸在 109 ℃下回流酸解,为了提高氨基酸的收率,需要加入过量的盐酸。此时若原料(如豆粕等)中还留存脂肪和油脂,则其中的甘油三酯就同时水解成丙三醇,并进一步与盐酸反应生成氯丙醇。实际生产中,大量产生的是 3-氯-1,2-丙二醇(3-MCPD),少量产生的是 1,3-二氯-2-丙醇(1,3-DCP)、2,3-二氯-1-丙醇(2,3-DCP)和 2-氯-1,3-丙二醇(2-MCPD)。

氯丙醇类物质具有毒性,对人体的肝、肾和神经系统都有损害,有些氯丙醇成分还具有很强的致癌性,所以各国都对食品中的氯丙醇含量做了严格的限制。

用酶法生产 HVP 条件温和,蛋白质被水解为多肽和氨基酸等物质,产品具有很高的营养价值和功能特性。另外,氨基酸不被破坏,构型不发生改变,水解度易于控制,这些优势都决定了酶法生产是未来植物水解蛋白发展的方向。

当前用酶法生产水解蛋白依然存在以下问题。

(1)水解度问题

由于蛋白酶作为生物催化剂,具有一定的专一性,而植物蛋白本身存在着一些氨基酸肽键,对酶的水解具有一定的抗性,如大豆蛋白中的脯氨酸残基和甘氨酸残基等,由此,相对于酸法水解,酶法水解度(DH)较低。一般条件下,在酸法水解过程中,蛋白质几乎完全水解,氨基酸态氮占总氮的比例为 0.9 左右;而对于酶法水解,该比值为 0.2 ~ 0.6。

（2）呈味反应的程度

呈味物质的产生是一个复杂过程,除蛋白质水解产生的呈味物质(包括一些氨基酸和一些小分子的肽类)外,还有美拉德反应及呈味反应等的作用。而酶法生产 HVP,一方面,受限于低水解度的影响,呈味肽和呈味氨基酸含量相对不足;另一方面,由于条件温和,其作用过程相对单一(主要是蛋白质的降解反应),其他呈味反应少,所以与酸法水解蛋白相比,其产品风味显得不够厚重。

（3）苦味问题

在调味品生产中应用的水解蛋白,苦味物质除少量是氨基酸外,主要为相对分子质量在 1 000 ~ 6 000 的肽类,酶法水解度较低,苦味问题更加突出。

上述问题的存在,制约着酶法水解在 HVP 生产中的应用。当前国内 HVP 的生产依然以酸法水解为主。针对这些问题,科技工作者也做了很多研究。

Hamm 等人研究用蛋白酶对谷朊粉的水解,在酶解处理前,用弱酸在 95 ℃进行脱酰胺处理 1 h,然后再用米曲霉蛋白酶进行水解,水解度达到 50% ~ 70% 。

不同的研究者也都证明,不同蛋白酶的复合使用有利于蛋白质水解度的提高,特别是含羧肽酶或氨肽酶的一些蛋白酶(如 Protex 51FP、Protex 50FP 等)的作用,一方面有利于水解度的提高,另一方面,会产生更多的呈味氨基酸组分,苦味也会随之减弱。

通过后处理工艺或以 HVP 为基料来合成热加工食品香精,是提高酶解植物蛋白风味的有效途径。

另外,酸酶法或酶酸法也是解决风味问题的良好途径,即将蛋白酶水解蛋白和酸水解方法结合起来,酸水解法采用相对温和的条件,从而在保证口味的同时,尽可能降低氯丙醇含量。

随着技术的发展,酶法水解在 HVP 生产中将占有越来越重要的地位。

3.3.9 水解动物蛋白

水解动物蛋白(Hydrolyzed Animal Protein,HAP)是指在酸或酶的作用下,对富含蛋白质的动物组织进行水解得到的水解产物。动物水解蛋白所用的原料一般是肉加工厂废弃的下脚料、低价值鱼类、水产加工厂的废料和低价值产品等。

动物蛋白的蛋白质质量相对较高,其必需氨基酸齐全,氨基酸比例也更符合人体需要;另一方面,蛋白质经水解为小肽或氨基酸后,易溶于水,更有利于被人体吸收利用。所以 HAP 可以用来生产保健食品和药品,用于对老年人消化功能衰退的治疗、手术病人的辅助康复治疗等。

除营养保健功能外,HAP 也是生产肉味香精的重要基料,它含有大量的氨基酸和小肽等组分,具有原料固有的肉类风味,与 HVP 比较,其呈味能力更为突出。

由于价格较高,HAP 目前主要用于一些高档调味品中。HAP 的呈味机制比较复杂,除呈味氨基酸、小分子肽、核苷酸的作用外,还有还原糖和氨基酸之间的美拉德反应、脱酰胺、脱羧基、脂肪降解等各种反应的综合作用,这些作用共同构成 HAP 的浓郁香味。

动物原料本身的呈味能力高于 HVP,所以一般苦味问题没有 HVP 明显。目前,工业上 HAP 以酶法生产为主。

要生产 HAP,首先要使蛋白质充分溶解,研究表明丝氨酸蛋白酶和金属蛋白酶对于提高溶解度具有良好效果。另外也有研究表明,先用内切酶水解,再用外切酶进行处理,对产品风味具有增强作用。

用于生产 HAP 的原料种类很多,另外 HAP 的具体用途也有差异,所以,对 HAP 生产的具体工艺和产品特性也有不同要求,如水产品水解往往会遇到脱腥、脱苦的问题,用于保健品的 HAP 需要考虑水解物相对分子质量范围的分布问题等。需要指出的是,该工艺得到的 HAP 是一种调味的基料,HAP 本身的呈味性能相对有限,所以一般用在复合调味品配方中或用作生产反应型香精的底物。

3.4　酶制剂在洗涤剂工业中的应用

3.4.1　酶在洗涤剂中的作用

加酶洗涤剂的发展经历了 3 个阶段。第一阶段为 20 世纪 60 年代期间的波折阶段;第二阶段为 20 世纪 70 年代的稳步前进阶段;第三阶段为 20 世纪 80 年代至现在的迅速发展阶段。

在进入 20 世纪 80 年代之后,随着科学技术的发展和环保意识的进一步增强,洗涤剂工业界除积极开发各种高效、温和的表面活性剂和助剂之外,生物催化剂——酶也得到了飞速发展。

洗涤剂中的酶多是水解酶,都能水解有机物的某一特定基团,把那些难以洗净但黏附在织物上的有机物污垢降解成较小碎片,使之较好地溶于水,或能通过表面活性剂更容易增溶。而效率低的不加酶的洗涤剂在去除蛋白质污垢的过程中可能由于漂白、干燥而引起的氧化和变性,造成织物上永久性的污渍。

随着酶制剂技术的飞速发展,酶的性能在得到改善的同时,酶生产的经济性也得到进一步解决。合成洗涤剂的生产商可以使用少量的酶制剂而使表面活性剂的用量显著下降,在得到明显经济效益的同时,还可提高洗涤剂的去污能力。

3.4.2　蛋白酶是洗涤剂常用酶

蛋白酶是洗涤剂工业应用最多的酶,也是在洗涤剂中最初采用的酶。洗涤剂工业发展至今,蛋白酶仍然是最基本、最重要和使用最为广泛、最为成熟的酶种。这是由于含蛋白质的污垢既普遍存在,又难以完全去除,而且蛋白质具有很强的黏性;蛋白酶既适合于整体洗涤用的洗衣粉;又适合于清除局部的污斑、污迹用的液体洗涤剂。

3.4.3　碱性蛋白酶在洗涤剂中的作用原理

蛋白酶将蛋白质水解成为小的片段如肽段和氨基酸。在洗涤剂存在时,附着在织物上或者硬表面的蛋白质被降解成为小片段。然后,这些小片段能够被洗涤剂的其他组分溶解或者去除。

商业化的洗涤剂所用的蛋白酶在结构上很相似,并且它们没有本质的不同,而且它们的底物特性广泛,它们的不同主要表现在最适温度、最适 pH 值、漂白剂敏感性和对水硬度需求不同。它们中有些是强碱性的,即在高 pH 值条件下有最大活性。其他的一些酶是弱碱性的,表 3.6 列举了部分商业化蛋白酶和它们的应用范围。

表 3.6　商业上使用的洗涤剂蛋白酶(杰能科公司)

产品名	微生物	使用 pH 值范围	使用温度范围/℃
Propera	嗜碱芽孢杆菌	9 ~ 12	10 ~ 60
Purafect OX	基因改造芽孢杆菌类	8 ~ 11	15 ~ 80
Purafe	基因改造芽孢杆菌类	8 ~ 11	15 ~ 75

　　然而,对于洗涤剂蛋白酶来说,在含有漂白剂的洗涤剂中贮存稳定性可能是一个问题。在粉末洗涤剂的贮存过程中,蛋白酶中的蛋氨酸残基容易被洗涤剂中的漂白剂氧化从而失活。在新近投放市场的蛋白质工程生产的蛋白酶中,靠近活性中心的漂白剂敏感氨基酸,如活性中心附近的蛋氨酸被对漂白剂氧化作用不敏感的其他氨基酸替代。这个在分子结构上的小小改变大大增加了贮存过程中蛋白酶在含有漂白剂的洗涤剂中的稳定性。利用蛋白质工程改进的对漂白剂稳定的蛋白酶包括 Everlase,用在粉末洗涤剂中的 Purafect OX 以及用在液体洗涤剂中的 Purafect OX L,并且 Purafect OX 系列产品考虑到了含漂白剂的洗涤剂的洗涤效果。另外,对漂白剂稳定的蛋白酶通常在混合到洗涤剂中后具有更好的贮存稳定性。

3.4.4　衣用洗涤剂中淀粉酶的作用原理

　　α-淀粉酶催化由 1,4-α-D-糖苷键连接的,含有 3 个或者更多个葡萄糖单位的寡糖中 1,4-α-D-糖苷键的水解。酶可以随机地作用于淀粉、糖原和低聚糖,并释放出相应的基团。α-淀粉酶攻击淀粉聚合体的内部,随机切割 α-1,4-键产生较短的、水溶性的糊精。α-淀粉酶催化淀粉污渍的降解,它通过水解污渍中的淀粉胶改善清洁效果。然而,α-淀粉酶降解天然淀粉的过程很缓慢。为了使淀粉更容易被酶作用,需要利用胶凝作用和膨胀作用。

　　纤维素酶与其他洗涤剂酶的作用机制不同,它不是直接催化污垢中的某种物质分解,使其变为洗涤水可溶解的物质而达到洗净的目的,而是由纤维素酶对织物上的微纤维作用,达到整理、翻新织物的目的。因为天然纤维,特别是棉纤维,是由葡萄糖构成的高分子物质,分子中的糖仅以 α-1,4-葡萄糖苷键方式联结,形成一个直线形的大分子。这种分子集结成束,就称为原纤维,很多原纤维的集结,就称为微纤维。在正常情况下,纤维是以晶体方式排列,所以它的表面光滑,柔软,外观光亮。但经穿着、摩擦和反复洗涤之后,一些微纤维就会脱离其结晶区域,在纤维表面或纤维之间形成很多微纤维,这些微纤维互相缠绕成绒球后,不仅因裹入的污物使衣物变脏,而且由于光在小球上发生了散射,不论单色或彩色衣物都显得灰暗。若要从衣物上去掉这些绒球,那么就需要选择适当的纤维素酶,才可很好地完成任务。

本章小结

　　21 世纪是生物科技的世纪,而工业酶是生物科技在工业生产和日常生活中应用较为广泛的产品之一。酶制剂是高效、专一的催化剂,其在工业上的正确使用,可提高生产过程的效率,实现节能降耗、治污减排、安全生产的要求。工业酶制剂的更广泛应用、正确有效地使用对中国经济可持续发展将有相当大的贡献。

　　发酵行业是污染重点行业之一,污染源主要是高、中浓度有机废水,一些企业虽然进行了废水处理,但离清洁生产的要求还有很大距离,必须采用先进的循环经济和清洁生产技术才能达到节能减排的目标,本章从酶制剂应用的角度在各个应用领域中重点介绍了有关热门话题和新技术进展。在淀粉糖行业中,重点介绍了高麦芽糖浆、果葡糖浆、新型功能性低聚糖以及生产中的应用技术问题;在味精生产中,本章对如何提高出糖率、糖酸转化率和常遇问题进行了解答;在蛋白质水解方面,本章重点介绍蛋白质水解概念、方法和最新科研成果;在有机酸方面,重点介绍液化酶应用最新技术;在纺织行业上,重点介绍退浆、精炼、牛仔布处理新技术;在洗涤剂行业,重点介绍新型酶制剂应用和配方。因此本章是应用过程中主要问题的集中,是最新技术进步的反映,也是了解行业新动态的工具。

第 **4** 章
微生物引起的食品腐败变质

食品从原料到加工成产品,均有大量的、种类繁多的微生物伴随。这些微生物的生理活动在食品的色、香、味、营养价值、食品卫生及食用安全等方面均会产生非常重要的影响。例如,可导致粮食的霉变、鱼肉的腐臭、油脂的酸败、水果蔬菜的腐烂等,从而使食品质量降低或失去食用价值。

粮食、肉、鱼、蛋、奶、水果和蔬菜等各类食品的 A_w 值差别很大,它们的营养成分和组织结构也各具特点,所以生长在各类食品中的微生物也不同。本章将根据各类食品的特点。分析微生物在各类食品的加工、储藏、运输、销售过程中的活动规律,引起食品腐败变质的各种现象和本质。

4.1 粮食储藏与变质

粮食是世界上储藏量最大的食品,在我国,仅国家粮库就储藏有上千亿千克的粮食,储藏在广大农户家中的数量更多。由于粮食上带有种类繁多的微生物,加上粮食中含有丰富的碳水化合物、蛋白质、脂肪及无机盐等营养物质,是微生物良好的天然培养基,一旦条件合适,粮食中的微生物就会活动,不但会影响粮食的安全储藏,导致粮食品质的劣变,而且还可能产生毒素污染,严重影响人类食用的安全性。

粮食上存在的主要微生物类群包括细菌、放线菌、酵母菌、霉菌、病毒等,它们可存在于粮食籽粒的外部和内部。微生物侵染粮食的途径很广,它们可以从粮食作物的田间生长期、收获期及储藏、运输和加工各个环节上感染粮食。感染到粮食上的各类微生物构成了粮食的微生物区系(Microflora)。

4.1.1 粮食微生物区系的形成

粮食微生物区系对粮食储藏的安全性有重要的意义,它的形成是各种因素综合作用的结果。从粮食品种、种植方式、气候条件、环境条件到粮食的储藏条件、处理方法等均影响粮食中微生物类群的组成及其数量。无菌的粮食在自然界中几乎不存在,可以说人们在储藏粮食的同时,也储藏了微生物。

（1）粮食微生物的主要来源

粮食微生物的主要来源是土壤。因为土壤是自然界中微生物生存和繁殖的主要场所,可以供给微生物生长需要的各种营养物质,而且含空气充足,大部分有适宜的水分和酸碱度,因此通常含有大量的微生物。粮食的种植离不开土壤,土壤中的微生物可以通过气流、风力、雨水、昆虫的活动以及人的操作等方式,带到正在成熟的粮食籽粒或已经收获的粮食上,它们中有的可以直接侵入籽粒的皮层,有的黏附在籽粒表面,有的混杂在籽粒中。所以粮食微生物与土壤微生物之间存在着渊源的关系。

（2）微生物在粮食上的存在部位与数量

微生物如附着在粮粒的表皮或颖壳上,称为外部微生物;如侵入粮粒表皮内部称为内部微生物。通常以每克粮食及粮食食品上微生物的个数来表示。每克粮食中的细菌数量从一万个到亿以上,一般为几万到几百万个。每克粮食中的霉菌数量从几百个到几万个,霉变的粮食多达几十万到几千万个。破碎粮粒营养物质外露更易受到微生物侵染,所以破碎粮粒上微生物也很多。对于一个粮食样品,不仅要从微生物总的带菌量多少,而且要从菌群的组成和消长上来分析粮食的品质及变化的趋势。一般粮食外部带菌量比内部多。粮食霉变发热后由于霉菌侵入粮粒内部而使内部带菌量增加。

4.1.2　与粮食储藏相关的主要微生物类群

从数量上看,粮食上的微生物以细菌和霉菌为多,放线菌和酵母菌较少。从对粮食的危害看,霉菌的危害最大。粮食上的微生物数量和类群会随粮食的种类、品种、等级、储藏条件、储藏时间的不同而有所差异。

（1）细菌

新收割的粮食上,细菌在个体数量上占优势,通常可占总带菌量的90%以上。类群上主要是一些寄生性的细菌及一些利用禾本科植物生长分泌物为营养的细菌,前者一般为植物病原菌,后者一般对植物生长无害,也被称为"附生细菌"。如草生欧文氏菌、荧光假单胞杆菌、黄杆菌、黄单胞杆菌等均为谷物类粮食中常检出的细菌类群。

（2）放线菌

粮食上经常可分离到放线菌,但一般其数量远少于细菌,类群方面以链霉菌属的放线菌为主,如白色链霉菌、灰色链霉菌等。因为土壤中存在着大量放线菌,因此放线菌在粮食上的存在数量与粮食中灰尘、杂质的含量有关。

放线菌对储粮稳定性的影响与细菌类似,其危害一般也是在粮食受到霉菌破坏而发热的后期才表现出来。

（3）酵母菌

粮食上酵母菌数量一般较少,而且常见酵母菌对粮食大分子物质的分解能力较弱,由酵母菌导致粮食变质的情况很少发生。粮食上检出的酵母菌一般为比较耐干燥的酵母类群,常见的有假丝酵母及红酵母等。在某些特殊的生态条件下酵母菌可能会成为需要关注的微生物类群,例如当粮食处于密闭的条件下储藏,粮堆整体或由于粮堆水分转移导致局部粮食水分增高时,由于密闭而产生的缺氧会抑制霉菌等好氧性微生物的活动,使得进行兼性厌氧生长的酵母菌繁殖而产生酒精味,从而影响到粮食的正常品质。

（4）霉菌

霉菌是引起粮食变质的主要微生物类群,不论粮食储藏的品种、条件、期限等方面有多大的不同,其储藏的安全性都将受到霉菌的威胁。这是因为霉菌的种类非常庞杂,适应性强,难以进行有效防范。

4.1.3　粮食常规储藏中微生物区系变化的一般规律

粮食收获后经干燥、清杂、除秕,水分被控制在安全标准以下,粮粒比较饱满,尘土杂质较少。用于储粮的粮仓应有一定的气密条件和防潮、防渗漏性能,并配有一定的通风、粮情检测等设备。为防止储藏期害虫危害,粮堆一般用磷化铝等杀虫剂进行必要的处理,然后日常进行必要的储粮状态检测和管理,这种储粮管理方法即为粮食的常规储藏。国家粮库的储粮基本上属于这种类型。随着农业的发展,农村出现了许多种粮大户和专业储粮,其储粮方式也正在朝着正规化的方向发展。

（1）细菌量变化的一般规律

在常规储粮的环境下,粮食外部的微生物区系将会发生一系列的变化,一般随着储藏时间的延长,细菌的数量将迅速减少,尤其以附生型的细菌下降速度较快,而芽孢菌的数量基本可保持不变。当用平板活菌技术检测细菌时会发现新粮上几乎检不出芽孢菌,而陈粮中则基本上均出现芽孢菌,即通常认为常规储粮条件下的细菌的区系由附生菌向芽孢菌演替。

（2）粮粒外部霉菌量变化的一般规律

利用平板菌落计数法检测常规储粮条件下粮食外部霉菌数量的变化,通常可以发现,在储藏初期,链格孢霉、镰刀菌、蠕孢霉等田间型霉菌的数量下降速率较快,使这类霉菌在霉菌总量中所占的比例迅速减少。

（3）粮粒内部霉菌量变化的一般规律

粮粒内部的田间型霉菌一般是在粮粒形成期间侵染的,当粮食收获后即保留在粮粒内部,储藏型霉菌有些在田间就已被侵染,有些则在储藏期间被侵染。检查粮粒内部霉菌污染状况一般采用下述方法:粮粒分别用一定浓度的乙醇、次氯酸钠等杀菌剂表面消毒,然后用无菌水充分洗涤,在培养基平板上种植100粒粮粒,培养一周左右,镜检记录某种霉菌在100粒粮粒上出现的粒数,即为该菌的感染率。

4.1.4　储粮霉变发生的一般规律

储粮霉变的发生是粮堆内因和外因共同作用的结果。当环境条件适合霉菌活动时,粮食的霉变可能在短时间内就会发生,可导致储粮的严重经济损失。但霉菌在粮食上的活动一般不为人们所觉察,如果长期积累,其结果会从量变到质变,降低粮食的使用价值。因此,储粮管理人员应该掌握粮食中霉菌活动的规律,以确保储粮的安全。

（1）不良储藏条件下粮食的变质

不良储藏条件是指粮食储藏的环境适合霉菌的生长、繁殖。如粮堆温度处于适合霉菌生长的范围,粮食的水分含量较高,氧气供给充分等。在这样的条件下粮食霉变发生的速度是惊人的。

（2）常规储粮条件下粮食的霉变

粮食在常规储藏条件下霉菌的数量呈下降的趋势,但这并不意味着粮食没有发生霉变的可能性。粮食储藏受气候变化、仓房条件、人为活动等外界因素的影响,如果管理不善,霉菌仍可在粮食中生长,并引起储粮的霉变现象的发生。

4.1.5　主要粮食品种的微生物学特点

（1）稻谷和大米

稻谷霉菌的污染不容小视。对湖南省 42 个粮库的 42 个稻谷样品进行采样调查,主要霉菌中曲霉属、青霉属、毛霉属的检出率平均为 90.4% 、76.5% 、52.1% ,平均含菌量为 2.75×10^4 个/g,曲霉中主要带毒菌黄曲霉、杂色曲霉、构巢曲霉的检出率为 64.3% 、33.7% 、13.0% ,发现霉菌污染率与储藏时间无显著相关性,而与储藏条件密切相关。

（2）小麦和面粉

新小麦除个别省外,霉菌带菌量一般为每克 10^2 个孢子。北方小麦比南方小麦真菌带菌量低,春小麦一般比冬小麦带菌量低。小麦微生物区系与稻谷相比有相同之处,但链格孢霉含量多是小麦带菌的特点,一些链格孢霉的菌丝可深入小麦的皮层下,通常将深入小麦皮层下的霉菌菌丝称为小麦的皮下菌丝。

（3）玉米

玉米籽粒胚部大,脂肪含量高,营养丰富,且容易吸湿,因此玉米是较难安全储藏的粮食品种。我国粮库储藏玉米由于微生物的活动而发热是很常见的现象,即使储藏条件较好,玉米也难以长期储藏。如果水分含量较高,则玉米在短时间内就会发生霉变现象,霉变的起源部位一般也在胚部。

4.1.6　微生物对储粮品质的影响

储粮的早期霉变或轻微霉变不易察觉,但有经验的人可从粮粒色泽、粮温和水分的微小变化上及时发现并予以处理。如果认为粮食发热才是霉变的开始是错误的。实质上此时是霉变进一步发展阶段而非开始阶段。特别是低水分粮食被白曲霉、灰绿曲霉侵染,粮食发生霉变,籽粒的胚被杀死,但没有明显的发热现象。因此早期预测霉变发生对安全储粮有重要意义。

（1）使粮食变色和变味

粮食的色泽、气味、光滑度和食味都是粮食新鲜程度及健康程度的重要指标。许多微生物可以使粮食变色,如田间真菌中的链格孢霉、枝孢霉、蠕孢霉等具有暗色菌丝和黑褐色孢子。如在收割后遇到阴雨天气,小麦不能及时晒干,或麦堆淋雨发芽时,这些霉菌就发展起来,使麦粒灰暗,胚部呈黑褐色,如镰刀菌在小麦和玉米上生长时,由于其分生孢子团呈粉红色,因此可使小麦和玉米也呈现粉红色。

（2）破坏粮食的发芽能力

谷物的胚部在谷物籽粒中的营养最为丰富,组织最为松软,皮层的保护最为薄弱,往往成为储藏型霉菌侵染、生长的首选部位。霉菌在谷物胚部生长轻者将消耗胚部的营养物,使谷物发芽的能力降低;重者完全破坏谷物胚部组织或产生有毒物质杀死谷物胚部细胞,使谷物丧失发芽力。

（3）在粮食中产生毒素

微生物在粮食上生长代谢不仅利用了粮食的营养成分,而且也向粮食中排出代谢产物。许多微生物的代谢产物有很强的毒性,如黄曲霉菌产生的黄曲霉毒素、串珠镰刀菌产生的伏马菌素等。人和其他动物摄食带毒的粮食后可导致严重的中毒,甚至诱发癌症。

4.2 肉类的腐败变质

肉类富含蛋白质和脂肪,营养物质含量丰富、全面,水分含量高,pH 值近中性,适合许多微生物的生长,因此肉类是容易腐败变质的食品。肉类的基本组分也决定了导致肉类腐败变质的微生物是那些能分解利用蛋白质、脂肪的菌种,并最终以蛋白质腐败、脂肪酸败为肉类变质的基本特征。

4.2.1 肉类中微生物的来源

健康良好、饲养管理正常的牲畜,组织内部是没有微生物的,但身体表面、消化道、上呼吸道、免疫器官有微生物存在。如未经清洗的动物毛皮,其上面的微生物有 $10^5 \sim 10^6/cm^2$,如果毛皮沾有粪便,微生物的数量将更多。

4.2.2 鲜肉的腐败变质

鲜肉变质与下述因素有关。

①污染状况:肉类卫生条件越差,污染的微生物越多,越容易变质;污染的微生物不同,变质情况也不相同。

②水分活度 A_w:肉的表面湿度越大,越容易变质。

③pH 值:动物活着时,肌肉 pH 值为 $7.1 \sim 7.2$;放血后 1 h,pH 值下降至 $6.2 \sim 6.4$;24 h 后 pH 值为 $5.6 \sim 6.0$。

④温度:温度越高越容易变质。低温可以抑制微生物生长繁殖,但 0 ℃ 下肉类也只能保存 10 d 左右,10 d 过后也会变质。刚宰杀的牲畜,肉的温度正适合大多数微生物的生长,因而应尽快使肉表面干燥、冷却并冷藏。

4.2.3 肉类中微生物的类型及变质现象

(1)腐生微生物
肉类腐生微生物有细菌、霉菌和酵母菌,但主要是细菌。

(2)病原微生物
肉中含有的病原微生物根据病畜不同的病以及具体环境条件不同而不同。

(3)微生物活动情况
肉的变质,以细菌性变质是最重要的。肉的污染常是表面污染,因而变质常先发生在肉表面。

(4)变质现象
鲜肉可出现多种变质现象,凭感官可以判别的有发黏、变味、色斑等。

4.2.4 低温下肉中微生物的活动

低温可以抑制中温性微生物和嗜热微生物的生长繁殖,但低温下仍可能有嗜冷生物进行生命活动,因而低温保存中的肉类仍可能变质。

为防止肉腐败变质,保存肉类采用冷冻、盐腌、烟熏、罐藏等方法。但在保存肉质的本来特性方面,采用冷冻方法是比较好的,因而肉类常用冷冻保藏。冷冻温度为 –20 ～ –18 ℃,在此温度下,肉类一般不会出现腐败性微生物的生长,长期保藏不会变质。

4.3　鱼类的腐败变质

活的鲜鱼组织内是无菌的,但是鱼的生活环境并不是无菌的,鱼的体表、鳃以及消化道内都有一定数量的微生物存在。经过运输、储藏和加工后,鱼体所带微生物的类别和数量会有所改变。

4.4　乳类的腐败变质

鲜牛乳含水 87.5%,蛋白质 3.3% ～3.5%,脂肪 3.4% ～3.8%,乳糖 4.6% ～4.7%,占乳中总糖的 99.8%,灰分 0.70% ～0.75%。可见牛乳中乳糖、蛋白质、脂肪含量都很丰富。正常的 pH 值为 6.4 ～6.8,氧化还原电势为 0.30 V。研究表明,乳类是细菌生长的最好基质,牛乳中的微生物以能分解利用乳糖和蛋白质的为主要类群。牛乳变质以乳糖发酵、蛋白质腐败和脂肪酸败为基本特征。

4.4.1　鲜牛乳中微生物的来源

(1)挤乳前的污染

从乳腺分泌出来的乳汁本来是无菌的,但乳头前端容易被外界细菌侵入,这些细菌排乳时被冲洗下来。在最初挤出的少量乳液中会含有较多的细菌,而在后来挤出的乳液中细菌数目会显著减少。可见从乳牛乳房挤出的乳液并不是无菌的,但微生物数量在不同个体的乳牛和同一乳牛的不同季节里是不同的。

(2)挤乳过程中的污染

牛乳中微生物主要来源于挤乳过程中的污染,在严格注意环境卫生的良好条件下进行挤乳,可得到含菌数量低、质量好的牛乳。

(3)挤乳后的污染

挤出的乳应进行过滤并及时冷却,使乳温下降至 10 ℃下。在这个过程中,乳液所接触的用具、环境中的空气等都可能造成微生物的污染。乳液在储藏过程中,也可能再次污染环境中的微生物。

4.4.2　鲜乳的消毒、灭菌和防腐

(1)鲜乳的消毒

为了延长储藏期,鲜乳必须消毒,以杀灭鲜乳中可能存在的病原微生物和其他大多数微生物。在实际中,选择合适的消毒方法,除了首先要考虑病原菌外,还要注意尽量减少由于高温

带来的鲜乳营养成分的破坏。

（2）鲜乳的灭菌

为了使鲜乳保藏期能更长一些,通常是将鲜乳先装瓶封口,再连瓶加压加热灭菌,使最后的成品成为无菌状态。这种灭菌乳可以在不冷藏下存放 3 ~ 6 个月,所以很适合在气候炎热的地区生产和销售。

（3）鲜乳的防腐

有时候,往鲜乳内加入适当的防腐剂也能达到杀菌和延长保存的目的。据报道,有的国家采用氯-溴二甲基乙内酰脲作防腐剂,用量为 13 g/3 000 L 乳汁。药物在鲜乳中的浓度很低,约为 4×10^{-4} g/L 乳,但可在室温中保存 160 h。

4.4.3　冷藏乳中的微生物及乳的变质

鲜乳中总是存在微生物,挤乳后必须立即将其冷藏,以抑制微生物的繁殖,冷藏牛乳采用 4 ℃左右的温度较为理想。

4.4.4　消毒乳中的微生物及乳的变质

由于鲜牛乳中含有大量微生物甚至含有病原菌,因此供消费者饮用之前要进行消毒,加工成乳粉和炼乳等乳制品之前也要经过消毒。消毒牛乳的微生物学标准是:不含有病原菌杂菌数每毫升不得超过 3.0×10^{4} 个,大肠杆菌每 3 mL 中不得检出,消毒能杀死包括病原菌在内的绝大多数微生物,但仍可能残留少部分微生物,因而也有变质的可能。

4.5　禽蛋的腐败变质

禽蛋的蛋白质和脂肪含量比较高,还含有少量的糖及维生素和矿物质。禽蛋中虽有抵抗微生物侵入和生长的因素,但还是容易被微生物所污染并发生腐败变质。禽蛋中的微生物以能分解利用蛋白质的为主要类群。禽蛋腐败变质以蛋白质腐败为基本特征,有时还出现脂肪酸败和糖类酸败现象。

禽蛋本身对菌体先天即拥有机械性及化学性的防卫能力,鲜蛋具有蛋壳、蛋壳内膜（即蛋白膜）、蛋黄膜,在蛋壳外表面还有层胶状膜,这些因素在某种程度上可阻止外界微生物侵入蛋内,其中蛋壳内膜对阻止微生物侵入起着较为重要的作用。鸡蛋蛋白中含有溶菌酶、伴白蛋白、抗生物素蛋白、核黄素等成分,均具有抵抗微生物生长繁殖的作用。其中溶菌酶较为重要,它能溶解革兰氏阳性细菌的细胞壁,蛋白的高 pH 性质对溶菌酶活力无影响,其杀菌作用在 37 ℃可保持 6 h,在温度较低时保持时间较长。若把蛋白稀释至 5 000 万倍之后,仍能杀死或抑制某些敏感的细菌。伴白蛋白可整合蛋白中 Fe^{2+}、Cr^{2+}、Zn^{2+} 等,抗生物素蛋白与生物素相结合,核黄素整合某些阳离子。这些情况都能限制微生物对无机盐离子及生物素的利用,因而能限制某些生物的生长繁殖。此外,蛋在刚排出禽体时,蛋白的 pH 值为 7.4 ~ 7.6,经过一段时间后,pH 值上升到 9.3 左右,这种碱性环境也极不适宜一般微生物的生存和生长繁殖。蛋白的这些特点使蛋能有效地抵抗微生物的生命活动,包括对某些病原微生物如金黄色葡萄球菌、炭疽芽孢杆菌、沙门氏菌等均具有一定的杀菌或抑菌作用。由于蛋有上述抵抗微生物侵入和生长繁殖的因素,所以被称为半易腐败食品。

蛋黄包含于蛋白之中,因而蛋白对微生物侵入蛋黄具有屏蔽作用。与蛋白相比,蛋黄对微生物的抵抗力弱,其丰富的营养和 pH 值(约 6.8)适宜于大多数微生物的生长。

4.6　蔬菜和水果的腐败变质

蔬菜和水果的主要成分是碳水化合物和水,特别是水的含量比较高适应于微生物的生长繁殖,容易发生微生物引起的腐败变质。引起水果和蔬菜变质的微生物以能分解利用碳水化合物的类群为主。

水果和蔬菜的表皮及表皮外覆盖的一层蜡质状物质,有防止微生物侵入的作用,但果蔬的表皮有自然孔口(气孔、水孔),而且当果蔬表皮组织受到昆虫的刺伤或其他机械损伤而出现伤口时,微生物就会从这些孔口、伤口侵入果蔬内部,有的微生物也可突破完好无损的表皮组织而侵入果蔬内部,结果导致果蔬溃烂变质。

4.6.1　微生物引起新鲜蔬菜的变质

蔬菜平均含水 88%、糖 8.6%、蛋白质 1.9%、脂肪 0.3%、灰分 0.84%,维生素、核酸和其他一些化学成分的含量加在一起也不超过 1%。从营养组成来看,蔬菜很适合霉菌、细菌和酵母菌的生长,相应的蔬菜变质就是由它们中的一种或全部这些微生物引起,但细菌和霉菌是较常见和主要的微生物。控制蔬菜的腐败变质,最重要的方法是将鲜菜在适宜的温度下进行冷藏,除此之外,如储藏前清除所有被污染的蔬菜,用氯水清洗以减少表面的微生物,把洗后多余的水弄干,整理蔬菜时要小心,防止破皮等也有助于控制腐败。

4.6.2　微生物引起新鲜水果的变质

水果与蔬菜的不同在于含较少的水,但含较多的糖。水果中蛋白质、脂肪和灰分的平均含量分别为 0.9%、0.5% 和 0.5%,除灰分外,较蔬菜稍低一些。正像蔬菜一样,水果也含有维生素和其他的有机化合物。从营养组成上看,这些物质显得很适合细菌、酵母菌和霉菌的生长,但水果的 pH 值低于细菌的最适生长 pH 值,这一事实看起来足以解释在水果的变质初期很少发现细菌。霉菌和酵母菌的宽范围生长 pH 值,使它们成为引起水果变质的主要微生物。

本章小结

微生物作为自然界存在的一种生物与我们赖以生存的食品有着密切的关系。微生物在许多食品的生产中起着至关重要的作用,但同时也是导致食品腐败变质的元凶。本章介绍了细菌、酵母菌和霉菌在蔬菜、粮食、乳制品、面包、调味酱,在生产中的应用,以及各种微生物引起的乳及乳制品、肉类、鱼类、鲜蛋、果蔬及其制品、糕点、啤酒等产品腐败变质的现象及原因。

第 **5** 章
应用微生物的水处理

5.1 活性污泥法处理

5.1.1 概述

活性污泥法于 1914 年由 Ardern 和 Loket 在英国曼彻斯特创建成试验厂,是利用河流自净原理的人工强化高效污水处理工艺,已有 100 多年的历史。随着活性污泥法在实际生产上的广泛应用和技术的不断革新改进,特别是近几十年来,在对其生物反应和净化机理进行深入研究、探讨后,微生物学、细胞学在污水生化处理上的新的应用,活性污泥法在生物学、反应动力学理论和工艺方面都得到了长足发展,出现了多种能够适应各种条件的工艺流程,成为生活污水、城市污水以及有机性工业废水的主体处理技术,在当前污水处理技术领域中,活性污泥法是应用较为广泛的技术之一。

（1）活性污泥法的基本概念和原理

1）基本原理

活性污泥法是以活性污泥为主体的污水生物处理技术。其原理是通过充分曝气供氧,使大量繁殖的微生物群体悬浮在水中,利用并降解污水中的有机污染物;停止曝气时,悬浮微生物絮凝体易于沉淀并与水分离,使污水得到净化、澄清。这种具有活性的絮凝体就是被称为"活性污泥"的生物污泥。

活性污泥系统主要由活性污泥反应器——曝气池、曝气系统、二沉池、污泥回流系统和剩余污泥排放系统组成。

经初次沉淀池或水解酸化池处理后的污水从一端进入曝气池;与此同时,从二次沉淀池回流的活性污泥也作为接种污泥与污水同步进入曝气池;此外,从鼓风机房送来的压缩空气,通过由干管和支管组成的管道系统和铺设在曝气池底部的空气扩散装置,以细小气泡的形式进入污水中,其作用除向污水充氧外,还可使曝气池内的污水、活性污泥处于搅动的状态。活性污泥与污水互相混合、充分接触,使活性污泥反应得以正常进行。由污水、回流活性污泥和空气互相混合形成的液体,称为混合液。

活性污泥反应进行的结果:污水中的有机污染物得到降解、去除,污水得以净化,由于微生物的繁衍增殖,活性污泥本身也得到增长。经过活性污泥净化作用后的混合液由曝气池的另一端流出进入二次沉淀池,在这里进行固、液分离,活性污泥通过沉淀与污水分离,澄清后的污水作为处理后污水排出系统。经过沉淀浓缩的污泥从沉淀池底部排出,其中一部分作为接种污泥回流曝气池,多余的一部分则作为剩余污泥排出系统。剩余污泥与在曝气池内增长的污泥,在数量上应保持平衡,使曝气池内的污泥浓度相对地保持在一个较为恒定的范围内。

活性污泥法处理系统,实质上是自然界水体自净的人工模拟,它不是简单的模拟,而是经过人工强化的模拟。

2)活性污泥的组成

活性污泥是由下列 4 个部分物质所组成:

①具有代谢功能活性的微生物群体。

②微生物(主要是细菌)内源代谢、自身氧化的残留物。

③由原污水挟入的难以被细菌降解的惰性有机物质。

④由原污水挟入的无机物质。

3)活性污泥的性质与指标

活性污泥的指标是对活性污泥的评价指标,同时在工程上也是活性污泥处理系统的设计与运行参数。其主要指标为:

①表示及控制混合液中活性污泥微生物量的指标:活性污泥微生物是活性污泥处理系统的核心,在混合液内保持一定数量的活性污泥微生物是保证活性污泥处理系统运行正常的必要条件。活性污泥微生物高度集中在活性污泥上,活性污泥是以活性污泥微生物为主体形成的,因此,以活性污泥在混合液中的浓度表示活性污泥微生物量是否适宜。在混合液中保持一定浓度的活性污泥,是通过活性污泥在曝气池内的增长以及从二次沉淀池适量的回流和排放而实现的。

②活性污泥沉降性能及其评定指标:良好的沉降性能是发育正常的活性污泥应具有的特性之一。

(2)净化过程与机理

在活性污泥处理系统中,有机污染物从污水中去除过程的实质就是有机污染物作为营养物质被活性污泥微生物摄取、代谢与利用的过程,也就是所谓"活性污泥反应"的过程。这一过程的结果是污水得到净化,微生物获得能量合成新细胞,使活性污泥得到增长。这一过程是比较复杂的,它是由物理、化学、物理化学以及生物化学等反应过程所组成,大致由下列 3 个净化阶段组成。

1)初期吸附去除

在活性污泥系统内,在污水开始与活性污泥接触后的较短时间(5 ~ 10 min)内,污水中的有机污染物即被大量去除,出现很高的 BOD 去除率。这种初期高速去除现象是由物理吸附和生物吸附交织在一起的吸附作用所产生的。

活性污泥有着很大的表面积(2 000 ~ 10 000 m²/m³ 混合液),在表面上富集着大量的微生物,在其外部覆流着多糖类的黏质层。当其与污水接触时,污水中呈悬浮和胶体状态的有机污染物即被活性污泥所凝聚和吸附而得到去除,这种现象就是"初期吸附去除"作用。

2）微生物的代谢

存活在曝气池内的活性污泥微生物，不断地从其周围的环境中摄取污水中的有机污染物作为营养加以代谢。

污水中的有机污染物，首先被吸附在有大量微生物栖息的活性污泥表面，并与微生物细胞表面接触，在微生物透膜酶的催化作用下，透过细胞壁进入微生物细胞体内，小分子的有机物能够直接透过细胞壁进入微生物体内，而如淀粉、蛋白质等大分子有机物，则必须在细胞外酶——水解酶的作用下，被水解为小分子后再被微生物摄入细胞体内。

被摄入细胞体内的有机污染物，在各种胞内酶，如脱氢酶、氧化酶等的催化作用下，微生物对其进行代谢反应。

微生物对一部分有机物进行氧化分解，最终形成 CO_2 和 H_2O 等稳定的无机物质，并提供合成新细胞物质所需要的能量。

3）活性污泥的沉淀分离

活性污泥系统净化污水的最后程序是泥水分离，这一过程是在二次沉淀池或沉淀区内进行的。

无论是分解代谢还是合成代谢，都能够去除污水中的有机污染物，但产物却有所不同，分解代谢的产物是 CO_2 和 H_2O，可直接排入环境。而合成代谢的产物是新生的微生物细胞，只有将它从溶液中去除才能实现完全处理，因为细胞组织本身也是有机物，将在出水中作为 BOD 被检测出来，如果微生物细胞没有被去除，仅完成了将原水中的有机物转化成各种气体中间产物的处理过程，部分微生物细胞以剩余污泥的方式排出活性污泥处理系统，需对其进行妥善处理，否则可能造成二次污染。

（3）有机负荷率和污泥龄

1）BOD 污泥负荷率与 BOD 容积负荷率

活性污泥微生物的增殖期，主要由 F/M 比值所控制。另外，处于不同增长期的活性污泥，其性能不同，处理水水质也不同。通过控制 F/M 比值，能够使曝气池内的活性污泥，主要是在出口处的活性污泥处于所要求达到的增殖期。F/M 比值是活性污泥处理系统设计、运行的一项非常重要的参数。

2）污泥龄

在工程上习称污泥龄（Sludge Age），又称为固体平均停留时间（SRT）、生物固体平均停留时间（BSRT）、细胞平均停留时间（MCRT），指在反应系统内，微生物从其生成到排出系统的平均停留时间，也就是反应系统内的微生物全部更新一次所需要的时间。从工程上来说，就是反应系统内活性污泥总量与每日排放的剩余污泥量之比。

5.1.2　活性污泥反应的理论基础与反应动力学

活性污泥反应动力学是从 20 世纪 50—60 年代发展起来的新兴科学。它能够通过数学式定量或半定量地揭示活性污泥系统内有机底物降解、污泥增长、耗氧等作用，反映出与各项设计参数、运行参数以及环境因素之间的关系，对工程设计与优化运行管理有着一定的指导意义。但是，活性污泥反应是多种混合微生物群体参与的一系列类型不同、产物不同的生化反应的综合，受到系统中多种环境因素的影响。在应用时，还要根据具体条件加以修正。

（1）活性污泥反应的理论基础

活性污泥微生物的增殖是微生物合成反应和内源代谢二项生理活动的综合结果,因此,有机物降解与活性污泥增长的相关性可表示为:

$$\Delta X = aS_r - bX \tag{5.1}$$

式中　ΔX——活性污泥微生物的净增殖量,kg/d;

　　　S_r——在活性污泥微生物作用下,污水中被降解、去除的有机污染物(BOD)量,kg/d;

　　　a——微生物合成代谢产生的降解有机污染物的污泥转换率,即污泥产率;

　　　b——微生物内源代谢反应的自身氧化率;

　　　X——曝气池内混合液含有的活性污泥量,kg。

其中 S_r 为:

$$S_r = S_a - S_e \tag{5.2}$$

式中　S_a——经预处理技术处理后,进入曝气池污水含有的有机污染物(BOD)量,kg/d;

　　　S_e——经活性污泥处理系统处理后,处理水中残留的有机污染物(BO)量,kg/d。

（2）劳伦斯与麦卡蒂模式

1）劳伦斯与麦卡蒂(Lawrence-McCarty)模式的基础概念

①劳伦斯与麦卡蒂建议的排泥方式有两种排泥方式:第一种是传统的排泥方式;第二种是劳伦斯与麦卡蒂推荐的排泥方式。该排泥方式的主要优势在于减轻二次沉淀池的负荷,有利于污泥浓缩,所得回流污泥的浓度较高。

②污泥龄:劳伦斯与麦卡蒂对"污泥龄"这一参数提出了新的概念,即单位质量的微生物在活性污泥反应系统中的平均停留时间,并建议将其易名为"生物固体平均停留时间"或"细胞平均停留时间"。

2）劳伦斯与麦卡蒂基本方程式

劳伦斯与麦卡蒂以微生物增殖和对有机底物的利用为基础,于1970年建立了活性污泥反应动力学方程式。

劳伦斯与麦卡蒂接受了莫诺的论点,并在他们的动力学方程式中纳入了莫诺方程式。

劳伦斯-麦卡蒂方程式,以生物固体平均停留时间(θ_c)及单位底物利用率(q)作为基数,并以第一、第二两个基本方程式表达。

①第一基本方程式:劳伦斯-麦卡蒂第一基本方程式是在表示微生物净增殖速率与有机底物被微生物利用速率之间关系式的基础上建立的。经过归纳整理,劳伦斯-麦卡蒂第一基本方程式形成下列形式:

$$\frac{1}{\theta_c} = Yq - K_d \tag{5.3}$$

式中　θ_c——生物固体平均停留时间,d;

　　　Y——产率系数,即微生物每代谢 1 kg BOD 所合成的微生物量;

　　　q——单位底物利用率;

　　　K_d——衰减系数,即活性污泥微生物的自身氧化率,d^{-1}。

这就是劳伦斯-麦卡蒂第一基本方程式,表示的是生物固体平均停留时间(θ_c)与产率系数(Y)、单位底物利用率(q)以及微生物的衰减系数(K_d)之间的关系。

②第二基本方程式:该方程式是在莫诺方程式的基础上建立的,其在概念上的基础是有机

底物的降解速率等于其被微生物利用的速率,即:

$$v = q \tag{5.4}$$

式中 v——有机底物的降解速率;

q——被微生物利用的有机底物的速率。

5.1.3 活性污泥处理系统的运行方式

(1)传统的活性污泥法(标准活性污泥法)

①特点:初期吸附与氧化分解均在同一池中进行,从首端的对数增长,到池中、末端的减速增长、内源呼吸期。

②设计与运行参数:$N_s = 0.2 \sim 0.4$ kgBOD/(kgMLSS·d);$N_v = 0.4 \sim 0.9$ kgBOD/(m³·d);HRT $= 4 \sim 8$ h;SRT $= 5 \sim 15$ d;$R = 25\% \sim 75\%$;MLSS $= 1\,500 \sim 3\,000$ mg/L;MLVSS $= 1\,500 \sim 2\,500$ m/L。

③优缺点:

a.优点:NBOD 高,$\geqslant 95\%$,出水水质好。

b.缺点:N_s 低,O_2 的利用不合理,应渐减供氧;对水质、水量变化的适应性差。

④存在问题:

a.曝气池首端有机污染物负荷高,耗氧速率也高,为了避免由于缺氧形成厌氧状态,进水有机物负荷不宜过高,因此,曝气池容积大,占用的土地较多,基建费用高。

b.耗氧速率沿曝气池池长是变化的,而供氧速率难于与其相吻合、适应,在池前段可能出现耗氧速率高于供氧速率的现象,池后段又可能出现溶解氧过剩的现象。

c.对进水水质、水量变化的适应性较低。

(2)渐减曝气活性污泥法

渐减曝气活性污泥法的工艺是针对传统活性污泥法中由于沿曝气池池长均匀供氧,在池末端供氧与需氧速率之间的差距较大严重浪费能源,从而提出一种能使供氧量和混合液需氧速率相适应的运行方式,即供氧速率沿池长逐步递减,使其接近需氧速率。

(3)阶段曝气活性污泥系统(多点进水法)

阶段曝气活性污泥系统又称分段进水活性污泥法系统或多段进水活性污泥法处理系统。

①流程:阶段曝气工艺流程如图 5.1 所示。

②特点:BOD 降解氧的利用呈阶梯状,缩小了耗氧速率与充氧速率差距,污水分散、均衡注入,提高了抗冲击能力;污泥浓度沿池长逐渐降低,出水污泥浓度低,减轻了二次沉淀池负荷。

③设计与运行参数:$N = 0.2 \sim 0.4$ kgBOD/(kgMLSS·d);$N_v = 0.4 \sim 1.2$ kgBOD/(m³·d);$R = 25\% \sim 95\%$;MLSS $= 2\,000 \sim 3\,500$ mg/L;MLVSS $= 1\,500 \sim 2\,500$ mg/L;HRT $= 3 \sim 5$ h;SRT $= 5 \sim 15$ d。

④优缺点:

a.优点:池容小,O_2 的利用合理。

b.缺点:出水效果较标准法差。

(4)完全混合活性污泥法系统

①流程:污泥、污水进入曝气池后与原混合液充分混合。池内混合液是通过活性污泥处理后,但还没经过沉淀池处理过的处理水。

②特点：

a. 迅速混合、稀释，适应流量水质变化（因为 R 高，能稀释），适用处理工业废水、高浓度有机废水。

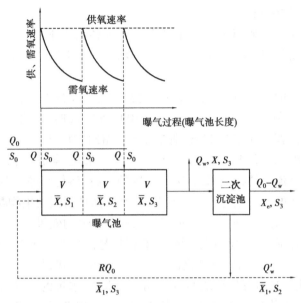

图 5.1　阶段曝气工艺流程

b. 池内各点水质相同，F/M 比值相等，微生物组成、数量一致，在有机物降解、微生物增殖曲线上处一个点（而非推流式一段曲线），所以可将整个工况控制在最佳条件。净化功能充分发挥，在处理效果相同时，负荷率大于推流式。

c. 可改变（进水量调整）F/M（回流污泥调整）比值，控制工况，得到希望水质。

d. 池内需氧速度均衡（一个点）动力消耗低于推流式的。

③设计与运行参数：$N_s = 0.2 \sim 0.4$ kgBOD/(kgMLSS · d)；$N_v = 0.6 \sim 1.4$ kgBOD/(m³ · d)；$R = 50\% \sim 30\%$；MLSS = 3 000 ~ 6 000 mg/L。

④优缺点：

a. 优点：适应性强。

b. 缺点：易膨胀，因各点有机物浓度相同，微生物对有机物的降解动力下降，出水效果较推流式差。

完全混合活性污泥法系统可分为合建式和分建式，合建式曝气池宜采用圆形，导流区也作为曝气区的有效容积考虑，沉淀区的表面水力负荷宜取 $0.5 \sim 1.0$ m³/(m² · d)。

（5）延时曝气法

延时曝气法，又称完全氧化活性污泥法，是 20 世纪 50 年代初在美国开始应用的。

延时曝气工艺在生长曲线的内源呼吸期运行，此时需要相对较小的有机负荷和较长的曝气时间，因此通常用于小型水处理厂。该工艺被广泛预制用于处理来自公寓、单独的机构、小型社区和学校等的污水。尽管通常不分离剩余污泥，但可能需要在不允许大量固体存在的地方设置废弃污泥处理设施；运行经验表明，在许多不提供废弃污泥处理设施的处理厂发生了问题。在废弃污泥后通常接有好氧消化和脱水设施。省略了初沉池以简化污泥处理与处置。

5.1.4 活性污泥处理系统的新工艺

（1）氧化沟

1）氧化沟的工作原理与特征

与传统活性污泥法曝气池相比较，氧化沟具有下列各项特征。

①在构造方面的特征：氧化沟一般呈环形沟渠状，平面多为椭圆形或圆形，总长可达几十米，甚至百米以上。

②在水流混合方面的特征：在流态上，氧化沟介于完全混合式与推流式之间。污水在沟内的平均流速为 0.4 m/s，氧化沟总长为 L，当 L 为 100～500 m 时，污水完成一个循环所需时间为 4～20 min，如水力停留时间定为 24 h，则在整个停留时间内要做 72～360 次循环。可以认为在氧化沟内混合液的水质是几乎一致的，从这个意义来说，氧化沟内的流态是完全混合式的。但是又具有某些推流式的特征，如在曝气装置的下游，溶解氧浓度从高向低变动，甚至可能出现缺氧段。氧化沟的这种独特的水流状态，有利于活性污泥的生物凝聚作用，而且可以将其区分为富氧区、缺氧区，用以进行硝化和反硝化，取得脱氮的效果。

③在工艺方面的特征：可考虑不设初沉池，有机性悬浮物在氧化沟内能够达到好氧稳定的程度。可考虑不单设二次沉淀池，使氧化沟与二次沉淀池合建，可省去污泥回流装置。BOD负荷低，同活性污泥法的延时曝气系统类似，对水温、水质、水量的变动有较强的适应性；污泥龄一般可达 15～30 d，为传统活性污泥系统的 3～6 倍，可以存活、繁殖世代时间长、增殖速度慢的微生物，如硝化细菌，故而在氧化沟内可能产生硝化反应。如运行得当，氧化沟能够具有反硝化脱氮的效应；污泥产率低，且多已达到稳定的程度，无须再进行消化处理。

2）氧化沟的曝气装置

氧化沟的曝气装置的功能是：

①向混合液供氧。

②使混合液中有机污染物、活性污泥、溶解氧三者充分混合、接触。

③推动水流以一定的流速（不低于 0.25 m/s）沿池长循环流动，这一项对氧化沟在保持它的工艺特征方面具有重要的意义。

①、②两项与常规活性污泥系统相同；③是氧化沟对曝气装置的一项独特要求。

3）常用的氧化沟系统

①卡罗塞（Carrousel）氧化沟：20 世纪 60 年代由荷兰某公司所开发。卡罗塞氧化沟系统是由多沟串联氧化沟及二次沉淀池、污泥回流系统所组成。

②交替工作氧化沟系统：由丹麦某公司开发，有二池和三池两种交替工作氧化沟系统。

③奥贝尔（Orbal）型氧化沟系统：奥贝尔氧化沟由多个呈椭圆形同心沟渠组成氧化沟系统。

④曝气沉淀一体化氧化沟：一体化氧化沟就是将二次沉淀池建在氧化沟内，这种氧化沟是在 20 世纪 80 年代初，在美国被开发，之后发展迅速，有多种形式的一体化氧化沟。

（2）AB 法污水处理工艺

德国亚琛工业大学宾克（Bohnke）教授于 20 世纪 70 年代中期开创吸附生物降解工艺，简称 AB 法污水处理工艺。从 20 世纪 80 年代开始用于生产实践。本工艺具有一系列的特征，因此受到广泛的重视。

与传统的活性污泥处理相比较,AB 法污水处理工艺的主要特征是:

①全系统共分预处理段、A 段、B 段,在预处理段底部设格栅、沉砂池等简易处理设备,不设初次沉淀池。

②A 段由吸附池和中间沉淀池组成,B 段则由曝气池及二次沉淀池组成。

③A 段与 B 段各自拥有独立的污泥回流系统,两段完全分开,每段能够培育出各自独特的,适于本段水质特征的微生物种群。

5.1.5　活性污泥中的细菌

活性污泥絮凝体,也称为生物絮凝体,其主要部分是由千万个细菌为主体结合形成的,通常称为"菌胶团"的团粒。活性污泥内微生物处于内源呼吸期或减衰增殖期后段时,运动性能微弱、动能很低,不能与范德华引力相抗衡,并且在布朗运动作用下,菌体互相碰撞、结合形成活性污泥絮凝体。

在组成活性污泥的细菌中,一般通过显微镜可以鉴定菌种类型,有形成絮凝体的细菌、生枝动胶菌和形成丝状体的细菌、球衣菌属等。动胶菌属是形成活性污泥絮凝的一种重要的细菌,菌体由透明胶状物质加以包覆,经常以指状、树枝状和云状方式增长。球衣菌属是会形成一种杆菌排列在透明鞘内的丝状体,而这种丝状体往往呈假分枝状。

(1)细菌的种类

据资料报道,活性污泥絮体中占优势的细菌是生枝动胶菌、蜡状芽孢杆菌、中间埃希氏菌、类产气副大肠杆菌、放线形诺卡氏菌、假单胞菌属等类细菌,能在人工培养基中形成絮状体的细菌主要有大肠杆菌、费氏埃希氏菌、中间埃希氏菌等。

(2)菌胶团细菌

1)菌胶团细菌

在微生物学领域里,习惯将动胶菌属形成的细菌团块称为菌胶团。在水处理工业领域内,则将所有具有荚膜或黏液或明胶质的絮凝性细菌,互相絮凝聚集成的菌胶团块称为菌胶团。如上所述,菌胶团是活性污泥的结构和功能的中心,是活性污泥的基本组分。

2)菌胶团形成机理

活性污泥内微生物处于内源呼吸期或减速增殖期后段时,运动性能微弱、动能很低,不能与范德华引力相抗衡,并且在布朗运动作用下,菌体互相碰撞、结合。大多数细菌体外有荚膜样物质,当细菌进入老龄后,细胞外多糖类聚合物分泌增加,其同荚膜一样都能使细菌凝聚在一起,形成菌胶团。在活性污泥培养的早期,可看到大量新形成的典型菌胶团,它们可呈现大型指状分支、垂丝状、球状、蘑菇形等种种形状。因为在处理废水的过程中,具有很强吸附能力的菌胶团把废水中的杂质和游离细菌等吸附在其上,形成了活性污泥的凝絮体。因此,菌胶团构成了活性污泥絮体的骨架。

(3)丝状细菌

丝状细菌同菌胶团细菌一样,是活性污泥中重要的组成成分。丝状细菌在活性污泥中可交叉穿织在菌胶团之间,或附着生长于凝絮体表面,少数种类可游离于污泥絮粒之间。丝状细菌具有很强的氧化分解有机物的能力,起着一定的净化作用。某些情况下,它在数量上可超过菌胶团细菌,使污泥凝絮体沉降性能变差,严重时即引起活性污泥膨胀,造成出水质量下降。

5.2 活性污泥膨胀与控制

5.2.1 污泥膨胀问题概述

活性污泥法是一种应用广泛并极具有发展潜力的污水处理技术。活性污泥中栖息着具有生命活力的各种微生物群体,当污水与其接触混合时,微生物细胞壁外黏液层吸附污水中的有机污染物,并在生物酶的作用下进行代谢、转化,自身也得到生长、繁殖,最后完成实现污水的无害化目标。活性污泥是如矾花状絮凝颗粒(绒粒),通常称为生物絮凝体。生物絮凝体主要是由成千上万个各种类型的细菌构成的菌胶团和丝状菌组成,它具有巨大的比表面积,大小为 $20 \sim 100 \ cm^2/mL$。保持絮体中微生物群体的合理组成和活性,是活性污泥法得以正常进行的重要条件。运行过程中,污泥要同处理出水在二沉池中分离,并部分地返回到曝气池中以保证运行过程的正常并持续地运行。污泥与处理出水的分离是通过沉淀方式完成的,因此活性污泥沉淀性能的好坏将直接影响活性污泥处理工艺的运行稳定性及处理效果。污泥沉淀性能的好坏一般可用污泥沉降比(SV%)、污泥指数(SVI)、污泥面成层沉降速度(ZSV)、丝状菌长度等指标来评价。

5.2.2 污泥膨胀的类型

活性污泥膨胀可分为:由于污泥中丝状菌过度繁殖,引起丝状菌性的污泥膨胀及无大量丝状菌存在的非丝状菌性的污泥膨胀。

(1)丝状菌性污泥膨胀

正常的活性污泥结构较稠密,菌胶团生长良好;污泥呈矾花状,絮凝、沉降和浓缩性能良好。从污泥的结构来看,活性污泥絮状体是由菌胶团和丝状菌组合而成。丝状菌犹如絮状体的骨架,菌胶团黏附在骨架上,微型动物也附着生长于其上或遨游于其间。对正常的活性污泥来说,它们两者之间有一个适当的比例关系,如果丝状菌生长繁殖过多,菌胶团的生长繁殖将受到抑制,众多的丝状菌伸出污泥表面之外,使得絮体松散、沉淀性能恶化、污泥体积膨胀、污泥沉降体积及污泥体积指数均很高,发生丝状菌性污泥膨胀。此时,污泥体积指数可达 200 ~ 2 000。这种情况占发生污泥膨胀的大多数,通常所说的污泥膨胀就是指这种丝状菌性污泥膨胀。

(2)非丝状菌性污泥膨胀

非丝状菌性污泥膨胀的活性污泥中没有大量的丝状菌存在,但含有过量的结合水,正常污泥的结合水为90%左右,而这种膨胀类型的活性污泥指数可达400,结合水可达380%;因其含有大量水分,体积膨胀,而使污泥比重减轻,压缩性能恶化。这种膨胀是由于在活性污泥菌体外积蓄高黏性多糖类物质而形成的。由于这种高黏性代谢产物(多糖类)分子中具有许多氢氧,与水的结合力很强,呈亲水性,是一种非常稳定的亲水胶体;而且这种高黏性物质在活性污泥中覆盖着微生物,一般呈凝胶状态的形式。凝胶的特征是需吸收大量的水予以膨润,因此发生高黏性膨胀污泥时,其外观体积显著增大,故也称为水涨性污泥膨胀或菌胶团污泥膨胀。因其丝状菌很少或甚至看不到,即使看到也是为数极少的短丝状菌,故絮状体也很松散。在实际运行中,这种情况发生的较少。

5.2.3　污泥膨胀的成因

从目前已有的研究成果来看,活性污泥膨胀的成因可归纳如下。

（1）废水水质

1）有机物

①废水中碳源含量多且以糖类为主时,易发生污泥膨胀。研究表明如葡萄糖、蔗糖、乳糖等糖类物质含量较高的废水可能经常出现污泥膨胀现象。

②废水中可溶性有机物含量多时,也易发生污泥膨胀。这里所指主要是低分子可溶性有机物,也包括上述的单糖、二糖类物质。

2）氮和磷营养物质

活性污泥微生物为了进行正常的生长、繁殖,除了需要碳源外,还需氮、磷等营养物质。氮、磷和碳之间有适当的比例,一般经验提出的比例通常为 BOD∶N∶P = 100∶5∶1。当废水中氮、磷含量不足时,也易发生污泥膨胀。

3）痕量金属

在微生物体内,碳、氢、氧、氮、磷和硫 6 种元素的总量占其干重的 95% 左右,而其余的 4% 则由许多其他元素组成。此外,为满足微生物的正常代谢之需,还需有一定数量的痕量金属元素。这些痕量金属元素对微生物的生长具有下述 3 个方面的主要功能:

①作为酶活化剂。

②在氧化还原反应中起到电子传递作用。

③可起到调节微生物渗透压的作用。

如某一种或几种元素缺乏或含量不足时,就会限制微生物的正常生长,同时会导致丝状菌的大量生长而导致污泥的丝状菌膨胀问题。

4）腐败或早期硝化的废水,硫化氢含量高的废水

废水如果贮存或在排水管道、初沉池中停留时间过长,底物会出现硝化反应,产生低分子有机酸和硫化氢,容易引起如丝硫细菌、021N 型菌的过量增殖。在下水道坡度很小,压力管道和不能及时排泥的初沉池中特别容易出现这种情况。

（2）水温

温度是影响微生物生长与生存的重要因素之一,每种微生物都有各自的适宜生长温度,如球衣菌的适宜生长温度在 30 ℃ 左右,在 15 ℃ 以下生长不良;丝硫菌、贝氏硫菌的适宜生长温度为 30 ~ 36 ℃。研究表明,在低温、高负荷情况下,可能发生非丝状菌膨胀。

（3）溶解氧

曝气池中若溶解氧浓度太低则容易发生污泥膨胀。虽然丝状菌是好氧性丝菌,但在活性污泥的低溶解氧条件下大部分好氧菌几乎不能继续生长繁殖时,因其具有较长的菌丝,比表面积大,更易夺得溶解氧进行生长繁殖,故在低氧环境中它们仍可在竞争中取得优势,从而使得丝状菌性污泥膨胀易于发生。而且即使它们保持在相当长时间的厌氧状态下,也不会失去活力,一旦恢复好氧状态,它们就会重新生长繁殖。

（4）pH 值

在活性污泥法运行中,为了使活性污泥正常发育、生长,曝气池的 pH 值应保持在 6.5 ~

8.0。国内外研究报道,混合液的 pH 值低于 6.0,有利于丝状菌的生长,而菌胶团的生长受到抑制;pH 值降至 4.5 时,真菌将完全占优势,原生动物大部分消失,严重影响污泥的沉降分离和出水水质;pH 值超过 11,活性污泥即会破坏,处理效果显著下降。

（5）负荷率

①高负荷缺氧说:当废水的浓度高时,微生物在高负荷下消耗大量氧气,造成水中缺氧或低氧条件,抑制了菌胶团细菌的生长有利于能耐受低氧的球衣菌的大量繁殖。

②低负荷说:当进水浓度低时,污泥处于极低负荷时,絮凝体中的菌胶团细菌得不到足够的营养,而交织于絮凝体中的球衣菌却形成长长的丝状体,从絮粒中伸出,以增加表面积,充分吸收环境中的低浓度的营养。因丝状体的伸出,造成絮粒架空,以致其比重减轻,沉降困难。

③冲击负荷:当负荷突增时,活性污泥法系统中原有的正常运行状态遭到破坏,污水中原有的生态体系失去平衡,生物相发生变化。在这种情况下,丝状微生物往往易于适应,能够尽快恢复活性,大量繁殖,发生丝状菌性污泥膨胀。

（6）反应器的混合液流态

反应器的混合液流态对污泥沉降性能有很大影响的观点已由理论和实践证实。在同样负荷条件下,间歇式最不容易发生污泥膨胀,而完全混合式最易发生污泥膨胀。

5.2.4　活性污泥膨胀的克服方法

在活性污泥污水处理厂中,加强运行管理,很好地控制各项运行要素,可最大限度地防止污泥膨胀的发生;同时在采用如下处理工艺的处理厂中,不宜出现污泥膨胀问题。

①不设初沉池的活性污泥处理厂。
②带有污泥好氧稳定的活性污泥法处理厂。
③采用同时化学沉淀的活性污泥法处理厂。
④滴滤池-曝气池串联（无中间沉淀池）的处理厂。
⑤采用推流式曝气池或在曝气池的前部设置高负荷接触区的活性污泥处理厂。
⑥在曝气池的前部设置缺氧区进行反硝化或设置厌氧区进行生物脱磷的活性污泥法处理厂。

5.2.5　活性污泥膨胀的控制

根据丝状菌对容易发生生物降解的有机物有较强的亲和力,可通过改造生物反应器的结构,使其内产生底物浓度梯度,由此来控制丝状菌生长。其目的是在生物反应器的入口处产生有利于絮体形成菌生长的高底物浓度,从而抑制丝状菌的生长。生物反应器中的推流式可达到此目的。

另一种控制对容易发生生物降解的有机物有很强亲和力的丝状菌的方法是利用代谢选择机制。代谢选择,即不让选择器内溶解氧作为终端电子受体,要么利用缺氧选择器内的硝酸盐态氮,要么利用厌氧反应器,即没有溶解氧,也没有硝酸盐。在缺氧或厌氧条件下,某些种类的絮体形成菌能够吸收容易发生生物降解的有机物,而大部分的丝状菌却不能。因此,控制终端电子受体可抑制丝状菌。

（1）投加物质来增加污泥的比重或杀死过量的丝状菌

投加铁盐、铝盐等混凝剂可通过其混凝作用提高活性污泥的压实性来增加污泥的比重。

投加高岭土、碳酸钙、硫酸亚铁、氯化钠、黄土等也可改变污泥的压实性和脱水性从而改变污泥的沉降性能。

投加次氯酸钠、漂白粉、过氧化氢等杀死或抑制比表面积较大的球衣菌等丝状菌。这一类控制方法由于没有深入了解引起污泥膨胀的真正原因而无法彻底解决污泥膨胀问题,反而会带来出水水质恶化的不良后果。因此人们在对污泥膨胀机理不断深入研究的基础上,提出应用生态学的原理来调节处理工艺运行条件及反应器内环境条件,通过协调菌团微生物与丝状菌生长的共生关系,从根本上消除污泥的膨胀问题,即环境调控控制法和代谢机制控制法。

（2）改变进水方式和流态

对容易膨胀的废水,应避免采用完全混合活性污泥法（CMAS）,推荐选用流态为推流式（PFR）或序批式（SBR）活性污泥法,也可采用分段进水活性污泥法。

（3）改变曝气池结构

对推流式反应器的构型进行修改,加大长、宽比,使长:宽≥20:1;也可在曝气池中采用分隔。W. Donaldson 发现曝气池过短而产生的反向混合是污泥膨胀的起因之一,可通过加长曝气池廊道（折叠式）或加横向隔板来避免反向混合。

可采用选择器技术,利用选择器内高的底物浓度,选择性地使絮状菌优先发展成优势菌,抑制丝状菌的过量生长。选择器（SAS）是近期发展起来用于控制丝状菌过量生长的活性污泥法。选择器位于生物反应器主体的前端,是活性污泥系统的一部分;全部污水和回流污泥进入选择器,形成高负荷区。这种有机物浓度较高的环境有利于絮体形成菌的优先生长,抑制了丝状菌的生长,从而改善了污泥的沉降性。选择器主要根据动力学和新陈代谢机理来实现微生物的选择生长。动力学选择的机理是利用高负荷条件有利于那些易于吸收、易生物降解底物的微生物的优先生长。新陈代谢选择机理是控制选择器内终端电子受体来完成的。好氧选择器是利用的动力学机理;缺氧和厌氧选择器主要利用新陈代谢机理,也涉及动力学选择机理。选择器通常是整个生物反应器的一小部分,并且常被分隔成小室。也可在生物反应器前端分隔出一段高负荷接触区。无论选择器下游的生物反应器是完全混合式,还是推流式,其运行效果都比仅采用推流式好。

（4）加填料控制污泥膨胀

在生产性曝气池头部添加占总池容15%的软性填料,使丝状菌固着于填料上选择性地充分生长,但不进入活性污泥絮体之中。而菌胶团菌（絮状菌）在后面池内生长,从而避免了污泥膨胀的发生。

（5）控制曝气池的 DO

保证曝气池中有足够的溶解氧,一般应使 DO > 2.0 mg/L。也可在推流式曝气池中通过设置厌氧区,使污泥交替通过厌氧、好氧区的 A/O 工艺来防止污泥膨胀。

（6）避免污泥的早期消化

使下水道具有适当的坡度以防止污水长时间逗留,沉淀池中污泥应及时刮除,对已产生消化的废水可进行预曝气加以改善,避免污泥的早期消化。

（7）调整废水的营养配比

当城市污水或工业废水中缺乏营养物质（N、P 等）而引起污泥膨胀时,应及时补充投加尿素、铵盐、商业化肥等,使 N、P 含量控制在 BOD: N: P = 100: 5: 1。

（8）制备菌种的投加

现在有越来越多的制备菌种和酶可用来控制污泥膨胀,但目前来说,此法在防止和控制污泥膨胀方面没有取得明显的成功。

5.3 自然及特定生物处理技术

5.3.1 稳定塘概述

稳定塘(Stabilization Pond)是经过人工适当修整的土地,设围堤和防渗层的污水池塘,主要依靠自然生物净化功能使污水得到净化的一种污水生物处理技术。除其中个别类型,如曝气塘外,在提高其净化功能方面,不采取实质性的人工强化措施。污水在塘中的净化过程与自然水体的自净过程相近。污水在塘内缓慢地流动、较长时间地停留,通过在污水中存活微生物的代谢活动和包括水生植物在内的多种生物的综合作用,使有机污染物降解,污水得以净化。其净化全过程,包括好氧、兼性厌氧和厌氧3种状态。好氧微生物生理活动所需要的溶解氧主要由塘内以藻类为主的水生浮游植物所进行的光合作用提供。

稳定塘是一种比较古老的污水处理技术,在我国曾长期习惯称氧化塘(Oxidation Pond),又名生物塘。近几十年来,各国的实践证明,稳定塘能够有效地用于生活污水、城市污水和各种有机性工业废水的处理;能够适应各种气候条件,如热带、亚热带、温带甚至于高纬度的寒冷地区。稳定塘多作为二级处理技术考虑,但它完全可以作为活性污泥法或生物膜法后的深度处理技术,也可以作为一级处理技术。如将其串联起来,能够完成一级、二级以及深度处理全部系统的净化功能。

5.3.2 稳定塘中的生物

稳定塘中含有许多对污水起净化作用的生物,主要包括细菌、藻类、微型动物(原生动物与后生动物)、水生植物以及其他水生动物。

（1）细菌

细菌在稳定塘内对有机污染物起到降解作用,这和活性污泥法、生物膜法等人工生物处理技术相同。

①好氧菌和兼性菌:它们主要在好氧塘内和兼性塘的好氧区内活动,其中主要的种属是:五色杆菌属、产碱杆菌属等。

②产酸菌:属兼性异养菌,在缺氧的条件下,可将有机物分解为乙酸、丙酸、丁酸等有机酸和醇类。产酸菌对温度及 pH 值的适应性较强,在兼性塘的较深处和厌氧塘内都可发现。

③厌氧菌:常见于厌氧塘和兼性塘污泥区。产甲烷菌即是其中之一,它将有机酸转化为甲烷和二氧化碳,但甲烷水溶性极差,将很快地逸出水面。在厌氧塘内常见的还有绝对厌氧的脱硫弧菌,它能将硫酸盐还原生成硫化氢。

④硝化菌:它是绝对好氧菌,世代时间长,生长缓慢。当供氧充分,有机物含量很低时一般细菌不能成为优势种属,这时硝化菌会大量增殖并成为优势种属。硝化菌一般只存活在深度处理塘。

⑤蓝细菌和紫硫菌等：在稳定塘内有时出现。

（2）真菌

除了细菌以外，在氧化塘中已经发现 100 种以上的丝状真菌和 50 种酵母菌。

（3）藻类

稳定塘是菌藻共生体系，藻类在稳定塘内起着十分重要的作用。藻类具有叶绿体，含有叶绿素或其他色素，叶绿体能够利用这些色素进行光合作用。藻类是塘水中溶解氧的主要提供者。在稳定塘内，在光照充足的白昼，藻类吸收二氧化碳放出氧气；在黑暗的夜晚，藻类营内源呼吸，消耗氧气并放出二氧化碳。这种菌藻共生关系，构成了稳定塘的重要的生态特征。

（4）原生动物和后生动物

在稳定塘内，有时也出现原生动物和后生动物等微型动物，但不像在活性污泥系统中那样有规律，数量也不等。因此，对稳定塘，原生动物和后生动物不宜作为指示性生物考虑。在稳定塘内存活，属于微型动物的还有枝角类中的水蚤。水蚤捕食藻类和菌类，防止其过度增殖，其本身又是良好的鱼饵。在稳定塘内可能出现大量的水蚤，此时稳定塘的处理水将非常清澈透明，其原因之一是水蚤类动物能够吞食藻类、细菌及呈悬浮状有机物；其二则是水蚤类动物能够分泌黏性物质，促进细小悬浮物产生凝聚作用，使水澄清。在稳定塘的底栖动物中的摇蚊幼虫能够摄取底泥中的微生物，使底泥量减少。稳定塘中滋生蚊子，对人类生活造成危害，应采取措施予以防止。

（5）水生植物

在稳定塘内种植水生维管束植物，能够提高稳定塘对有机污染物和氮、磷等无机营养物的去除效果；水生植物收获后也可做某些用途，能够取得一定的经济效益。

（6）其他水生动物

为了使稳定塘具有一定的经济效益，可以考虑利用塘水养鱼和放养鸭、鹅等水禽。在稳定塘内宜于放养杂食性鱼类（如鲤鱼、鲫鱼），它们捕食水中的食物残屑和浮游动物。如鲢、鳙一类的滤食性鱼类以及如草鱼一类的草食性鱼类等；它们能够控制藻类的过度增殖。水禽如鸭、鹅等也是以水草为食的，鸭还能够食用浮游动物和小型鱼类，在稳定塘内放养水禽，是建立良好的生态系统，获取经济效益的有效途径。

5.3.3　稳定塘的生态系统

稳定塘内存活着类型不同的生物，它们构成了稳定塘内的生态系统。不同类型的稳定塘所处的环境条件不同，其中形成的生态系统又有各自的特点。稳定塘是以净化污水为目的，因此，分解有机污染物的细菌在生态系统中具有关键的作用。

藻类在光合作用中放出氧气，向细菌提供足够的氧气，使细菌能够进行正常的生命活动。菌藻共生体系是稳定塘内最基本的生态系统。其他水生植物和水生动物的作用则是辅助性的，它们的活动从不同的途径强化了污水的净化过程。

稳定塘内生态系统中的各种生物种群的作用各不相同，但它们之间却存在着互相依存、互相制约的关系。

（1）菌藻共生关系

在稳定塘内对溶解性有机污染物起降解作用的是异养菌，降解反应按下式进行：

$$C_{11}H_{28}O_7H + 14O_2 + H^+ \longrightarrow 11CO_2 + 13H_2O + NH_4^+$$

根据上述反应式,每分解 1 g 有机物需氧 1.56 g,放出 CO_2 1.69 g、H_2O 0.85 g 和 NH^+ 近 0.1 g。植物性浮游生物藻类的光合成反应,就是在阳光能量的作用下的细胞增殖与放氧反应,即在其本身增殖的同时,释放出氧气。对这一反应不同专家提出了不同的反应式,如斯顿姆(Stumm)和摩根(Morgan)提出,藻类的分子式近似地为 $C_{106}H_{263}O_{110}N_{16}P$,而藻类的光合成反应式则为:

$$106CO_2 + 16NO_3^- + HPO_4^{2-} + 122H_2O + 18H^+ \longrightarrow C_{106}H_{263}O_{110}N_{16}P + 138O_2$$

由上述反应式可以计算出,每合成 1 g 藻类,释放出 1.244 g 氧气。

从上述两反应式可见,细菌代谢活动所需的 O_2 由藻类通过光合作用提供,而其代谢产物 CO_2 又提供给藻类用于光合反应;在稳定塘内细菌和藻类之间就是保持着这样的互相依存又互相制约的关系。通过光合作用反应,流入的一部分有机污染物虽被降解但形成了藻类,藻类也是有机体,由于藻类的合成是以水中的 CO_2 作为碳源,因此生成藻类(有机体)的数量,有可能大于流进的有机污染物的数量。因此,可以认为,在氧化塘内有机污染物的降解反应,也是溶解性有机污染物转换为较稳定的另一种形态的有机体——藻类细胞的过程。

(2)稳定塘内的食物网

在稳定塘内存在着多条食物链,这些食物链纵横交错结成食物网,如图 5.2 所示。

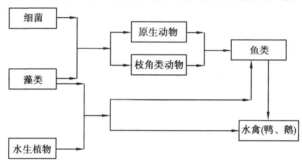

图 5.2　稳定塘内的食物网

在稳定塘内,从食物链来考虑,细菌、藻类以及适当的水生植物是生产者,细菌与藻类为原生动物及枝角类动物所食用,并不断繁殖,它们又为鱼类所吞食。藻类,主要是大型藻类和水生植物,既是鱼类的饵料,又可能成为鸭、鹅等水禽类的饲料。在稳定塘内,鱼、水禽处在最高营养级。如果各营养级之间保持适宜的数量关系,建立良好的生态平衡,就能使污水中有机污染物得到降解,污水得到净化,其产物得到充分利用,最后得到鱼、鸭和鹅等水禽产物。

5.3.4　稳定塘对污水的净化作用

稳定塘对污水产生净化作用主要有 3 个方面。

(1)稀释作用

污水进入稳定塘后,在风力、水流以及污染物的扩散作用下,与塘内已有塘水进行一定程度的混合,使进水得到稀释,降低了其中各项污染指标的浓度。稀释作用是一种物理过程,稀释作用并没有改变污染物的性质,但却为进一步的净化作用创造了条件。如降低有害物质的浓度,使塘水中生物净化过程能够进行正常。

(2)沉淀和絮凝作用

污水进入稳定塘后,由于流速降低,其所携带的悬浮物质在重力作用下,沉于塘底,使污水的 SS、BOD、COD 等各项指标都得到降低。此外,在稳定塘的塘水中含有大量的生物分泌物,这些物质一般都具有絮凝作用,在它们的作用下,污水中的细小悬浮颗粒产生了絮凝作用,小颗粒聚集成为大颗粒,沉于塘底成为沉积层;沉积层则通过厌氧分解进行稳定。自然沉淀与絮凝沉淀对污水在稳定塘的净化过程中起了一定的作用。

(3)好氧微生物的代谢作用

在稳定塘内,污水净化最关键的作用仍是在好氧条件下,异养型好氧菌和兼性厌氧菌对有机污染物的代谢作用,绝大部分的有机污染物都是在这种作用下而得以去除的。当稳定塘内生态系统处于良好的平衡状态时,细菌的数目能够得到自然地控制。当采用多级稳定塘系统时,细菌数目将随着级数的增加而逐渐减少。稳定塘由于好氧微生物的代谢作用,能够取得很高的有机物去除率,BOD 可去除 90% 以上,COD 去除率也可达 80%。

5.4　污泥的处理与处置

5.4.1　概述

(1)污泥处理与处置的目的

在城市污水处理过程中,产生大量污泥,其数量占处理水量的 0.3% ~ 0.5%(以含水率为 97% 计算),而且不稳定、易腐败、有恶臭。污泥中含有大量的有害、有毒物质,如寄生虫卵、病原微生物、细菌、合成有机物及重金属离子等,如不加以妥善处理和处置,将造成堆放和排放区,周围环境严重的二次污染;污泥任意施于农业,导致农作物污染,土壤受到不可逆转的中毒受害。污泥中也含有大量的有用物质,如植物营养素(氮、磷、钾)、有机物及水分等,污泥中所含的有机物是有效的生物能源,污泥中的有机物分解产生的腐殖质可以改良土壤,避免板结,而污泥中丰富的氮、磷、钾等则是植物和农作物生长不可缺少的营养物。干燥的污泥可产生 16.65 ~ 20.93 MJ/t 的热能,是一种低热值的燃料。

(2)污泥处理与处置的方案

在我国的城市水污染治理中,污水厂污泥处理处置费用占工程投资和运行费的 24% ~ 45%(发达国家如美国及欧洲国家已占污水处理厂总投资的 50% ~ 70%)。污水处理厂污泥处理处置高昂的投资及其运行费用,一方面使得目前国内大部分污水厂未对污泥进行稳定处理或处理工艺的配套设施不完善;另一方面也使得建有完善污泥处理设施的污水厂,常因其运行费用较高而基本停用。随着我国城市污水处理设施的普及,处理率的提高和处理程度的深化,污泥的产生量将有较大的增长,从污泥产生上看,一般是在处理污水时产生污泥。而我国污水分为工业和城镇生活两部分,中国环境统计年鉴数据显示,2010—2017 年我国工业污水排放量基本维持在 200 亿 t/年左右,城镇生活污水排放量自 354 亿 t 增长至 600 亿 t 左右。一般情况下,污水处理厂处理 1 万 t 生活污水可产生含水率 80% 的污泥 5 ~ 8 t,处理 1 万 t 工业污水可产生 10 ~ 30 t 污泥。分别按照 6.5 t 和 20 t 单位产出进行计算,则 2010—2017 年,我国污泥产生量从 5 427 万 t 增长至 7 436 万 t,年化增长率 4.6%。而通过技术改进和革新,降低污水处理厂的污泥产生量;研究开发先进的污泥处理工艺,提高污泥处理系统的效率,降低污泥处理成本;研制出技术先进、经济高效的国产污泥处理成套设备,改变目前大量使用进口设备,导致污泥处理投资费用居高不下的状况;积极进行污泥资源化研究等是解决当前及今后我国城市污水污泥处理处置问题的有效途径。污泥处理可供选择的方案大致有:

①生污泥——→浓缩——→消化——→自然干化——→最终处置。

②生污泥——→浓缩——→自然干化——→堆肥——→最终处置。

③生污泥——→浓缩——→消化——→机械脱水——→最终处置。

④生污泥——→浓缩——→机械脱水——→干燥焚烧——→最终处置。

⑤生污泥——→湿污泥池——→最终处置。

⑥生污泥——→浓缩——→消化——→最终处置。

总之,污泥处理方案的选择,应根据污泥的性质与数量;投资情况与运行管理费用;环境保护要求及有关法律与法规;城市、农业发展情况及当地气候条件等情况,综合考虑后选定。

5.4.2　污泥的分类及性质

(1)污泥的分类及性质

污泥的性质是易于腐化发臭,颗粒较细,相对密度较小(为1.006~1.02),含水率高且不易脱水,属于胶状结构的亲水性物质。初次沉淀池与二次沉淀池的沉淀物均属污泥。

1)初次沉淀池污泥

初次沉淀池污泥是指一级处理过程中产生的污泥。废水经初沉后,约可去除可沉物、油脂和漂浮物的50%、BOD的30%。初沉污泥的性质随废水的成分,特别是混入工业废水的城市污水或单独处理的工业废水性质而变化。

2)二次沉淀池污泥

二次沉淀池污泥是指二级生化处理中产生的污泥,包括活性污泥法中排放的剩余污泥(剩余活性污泥)、生物滤池及生物转盘等脱落的生物膜。此类污泥的组分与活性污泥及生物膜基本相同,除了吸附了少量的水中的悬浮物、无机盐或未分解的残余有机物外,主要是由微生物的细胞所组成,因此污泥的有机物含量、含水率都较高,密度低。二沉池污泥的相对密度为1.005~1.025,污泥中的灰分及挥发性有机物的比例与生物处理系统中的泥龄有关;若泥龄长,则挥发性有机物含量较低。

初沉池污泥和二沉池污泥可统称为生污泥或新鲜污泥。

3)消化污泥

生污泥经厌氧消化或好氧消化处理后,称为消化污泥或熟污泥。

(2)污泥的主要性质指标

污泥的主要性质指标如下:

①污泥含水率:污泥中所含水分的质量与污泥总质量之比的百分数称为污泥含水率。污泥的含水率一般都很高,相对密度接近于1。

②挥发性固体(或称灼烧减重)和灰分(或称灼烧残渣):挥发性固体近似地等于有机物含量;灰分表示无机物含量。

③可消化程度:污泥中的有机物,是消化处理的对象。一部分是可被消化降解的(或称可被气化、无机化);另一部分是不易或不能被消化降解的,如脂肪、合成有机物等。用可消化程度表示污泥中可被消化降解的有机物数量。

④湿污泥相对密度与干污泥相对密度:湿污泥质量等于污泥所含水分质量与干固体质量

之和。湿污泥相对密度等于湿污泥质量与同体积的水质量之比。

5.4.3　污泥浓缩

污泥的含水率一般都很高,初次沉淀污泥含水率为
95% ~97%,刚排出的剩余活性污泥达 99% 以上,所以污
泥的体积非常大,将给污泥的后续处理造成困难。污泥浓
缩的目的在于减容,是使污泥的含水率、污泥的体积得到
一定程度的降低,从而减少污泥后续处理设施的基本建设
费用和运行费用。

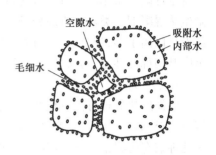

图 5.3　污泥水分示意图

污泥中含水分大致分为 4 种:颗粒间的空隙水、毛细
水、污泥颗粒吸附水和颗粒内部水,如图 5.3 所示。

①颗粒间的空隙水:指几个固形物质粒子间所包含的水,又称游离水、颗粒间隙水,约占污
泥水分的70%。间隙水和固体粒子不是直接结合,因而易于排除。

②毛细水:是在污泥的固体物质粒子间,形成一些小的毛细管,充满于毛细管中的水,也称
为毛细管结合水,约占污泥水分的20%。自然干化和机械脱水法,主要脱除毛细水。

③污泥颗粒吸附水:是吸附在固体粒子表面的水,能随固形粒子移动。

④颗粒内部水:是指微生物细胞内的水分,此种水与固体粒子结合较牢固,单用机械方法
不能达到排除目的,必须采用生物化学法或通过加热等方法才能排除。污泥颗粒吸附水与颗
粒内部水大约共占污泥含水量的10%。干燥与焚烧法,主要脱除吸附水和内部水。不同的脱
水方法及脱水效果列于表5.1。

表 5.1　不同的脱水方法及脱水效果表

脱水方法		脱水装置	脱水后含水率/%	脱水后污泥状态
浓缩法		重力浓缩、气浮浓缩、离心浓缩	95 ~97	近似糊状
自然干化法		自然干化场、晒砂场	70 ~80	泥饼状
机械脱水	真空吸滤法	真空转鼓、真空转盘等	60 ~80	泥饼状
	压滤法	板框压滤机	45 ~80	泥饼状
	滚压带法	滚压带式压滤机	78 ~86	泥饼状
	离心法	离心机	80 ~85	泥饼状
干燥法		各种干燥设备	10 ~40	粉状、颗粒状
焚烧法		各种焚烧设备	0 ~10	灰状

5.4.4　污泥的机械脱水

(1)预处理

一般认为污泥的比阻值在$(0.1 ~0.4) \times 10^9 \ S^2/g$ 时,污泥进行机械脱水较为经济与适宜,
初次沉淀污泥、活性污泥、腐殖污泥、消化污泥均由亲水性、带负电荷的胶体颗粒组成,挥发性
固体含量高,比阻值均大于此值,故脱水困难。因而,一般要采取一些方法进行预处理。

1)化学调节法

化学调节法是在污泥中加入混凝剂、助凝剂等化学药剂,使污泥颗粒絮凝,比阻值降低,改善脱水性能。常用的混凝剂有无机混凝剂及其高分子聚合电解质、有机高分子聚合电解质和微生物混凝剂3类。有机高分子聚合电解质按基团带电性质可分为4种:基团离解后带正电荷者称阳离子型;带负电荷者称阴离子型;不含可离解基团者为非离子型,既含阳电基团又含负电基团称两性型,污水处理中常用阳离子型、阴离子型和非离子型3种。

2)热处理法

污泥经热处理可使有机物分解,破坏胶体颗粒稳定性,污泥内部水与吸附水被释放,比阻值可降至 $1.0 \times 10^8 \, S^2/g$,脱水性能大大改善,寄生虫卵、致病菌与病毒等可被杀灭。因此污泥热处理兼有污泥稳定、消毒和除臭等功能。热处理后污泥进行重力浓缩,可使含水率从97%～99%浓缩至80%～90%;如直接进行机械脱水,泥饼含水率可降至30%～45%。

(2)机械脱水的基本原理

污泥机械脱水是以过滤介质两面的压力差作为推动力,使污泥水分强制通过过滤介质,形成滤液;而固体颗粒被截留在介质上,形成滤饼,从而达到脱水的目的。

5.4.5 污泥的干燥与焚烧

(1)污泥的干燥

污泥脱水、干化后,含水率还很高,体积很大,为了便于进一步地利用与处理,可做干燥处理或焚烧。干燥处理后,污泥含水率可降至20%左右,体积可大大减小,便于运输、利用或最终处理。污泥干燥与焚烧各有专用设备,也可在同一设备中进行。

(2)污泥焚烧

污泥中也含有一定的热值,污水污泥的发热量相当于煤炭的36.4%,属低值燃料,参见表5.2,在下列情况可以考虑采用污泥焚烧工艺。

表5.2 城市污水处理厂污泥与其他燃料发热量对比表

燃烧种类		发热量与百分比	
		发热量/(kJ·kg⁻¹)	百分比/%
煤炭		33 000	100
焦炭		31 500	95.5
褐煤		24 000	72.7
木材		19 000	57.6
泥煤		18 000	54.5
城市污水厂	一沉污泥	10 715～18 191.6	32.5～55.1
	二沉活性污泥	13 295～15 214.8	40.3～46.1
	混合污泥	12 005～16 956.5	36.4～51.4

①当污泥不符合卫生要求,有毒物质含量高时,不能作为农副业利用。

②卫生要求高,用地紧张的大、中城市,严禁焚烧。

③污泥自身的燃烧热值高,可以自燃并利用燃烧热量发电。

④与城市垃圾混合焚烧并利用燃烧热量发电。

5.4.6　污泥减量化技术

如上所述,污泥的最终处置方法都有其自身的缺陷。对于大多数发展中国家尤其是我国,土地利用和填埋仍是污泥处置的主要途径,而随着可填埋范围和可用土地的日益减少,土地利用将是一个主要的发展方向。但土地利用,即使剩余污泥经过浓缩、脱水,体积仍然庞大,也会产生因污泥运输而增加处理成本的问题,而且还会占用大量的土地资源;同时考虑到人体的健康,在污泥用于农业之前必须进行进一步处理,如美国和欧盟各国都明确规定,污泥必须经过堆肥、热干燥、热处理以及高温好氧消化等过程杀灭污泥中的病原体,这使得污泥的最终处置越来越困难。以往的解决办法是针对已经产生的大量剩余污泥如何处置与利用,而解决大量剩余污泥这一问题的最有效和核心的办法是如何减少污水处理中的剩余污泥产量。

（1）生物降解

污水处理是利用天然的微生物种群将有机物氧化为可利用的成分。微生物对有机碳的新陈代谢一方面将其转化为 CO_2,另一方面将其转化为生物体,例如,1 000 g 营养物的系统中,其中 600 g 用来合成微生物,400 g 被氧化成二氧化碳和水。这表明在细菌生长阶段能减少40% 的污泥,当生物体中的有机碳也可作为微生物的底物并重复上述新陈代谢时,那么污泥的产生量就会减少,如果一个污水处理系统中的活性污泥能运行无限长时间,理论上将没有污泥产生(实际上是不可能的)。生物体的生物降解关键在于微生物细胞的溶解。目前主要有以下两种方法促进微生物的细胞溶解,这两种方法既可单独使用,又可综合使用。

1）生物细胞压力溶解

将机械压力应用于污泥的回流系统,压破细胞壁,释放出细胞内所含的物质,通常这种破碎作用可减少颗粒污泥的大小,增加生物的比表面积,有利于进一步分解。将这种方法应用于活性污泥的内源呼吸段,能减少剩余污泥的产量。应用这种方法的二沉池能减少 50% 的污泥,并能减少丝状菌的种群,极大地改善了污泥的沉淀性能和污泥的脱水性能。

2）生物细胞超声波溶解

超声波用于水工业较早。低强度的超声波通常用于测量流量,而将超声波用于污泥减量是一个全新的领域。超声波通过交替的压缩和扩张作用产生空穴作用,在溶液中这个作用以微气泡的形成、生长和破裂来体现,以此压碎细胞壁,释放出细胞内所含的成分和细胞质,以便进一步降解。超声波细胞处理器能加快细胞溶解,用于污泥回流系统时,可强化细胞的可降解性,减少了污泥的产量;用于污泥脱水设备时,有利于污泥脱水和污泥减量。超声波由转换器产生,经探针导入污水中,超声波的设计频段在 25 ~ 30 kHz,小于 25 kHz 时,在人的听力范围内将产生噪声问题;而超过 35 kHz 时,能量利用率低。超声波的作用受到液体的许多参数的影响,如温度、黏度和表面张力等。此外,超声波与各种液体的接触时间、探针的几何形状和材质也是超声波应用的影响因素。

（2）生物强化

1）加选择性外部细菌

微生物强化基于天然系统的微生物并非全都是最有效的微生物。为了提高处理厂的效率,或者将特别选择的微生物菌株,或者用基因改进的菌株投放到污水处理厂中,这种选择投放的菌株应能保持并强化天然存在菌株的活性,从而优化和控制微生物种群的平衡。

2)投加酶

酶的作用是促进污水中的大分子化合物分解变成小分子化合物,释放出结合氧,这些简单的化合物容易被多种微生物利用。这有利于细菌的多样性,并能提高细菌的活性和繁殖能力,而且有利于形成大量的高等生物,能促进高等光合作用生物体的大量增殖,由此又为污水提供了大量的溶解氧。

(3)生物代谢终止

活性污泥处理污水过程,细菌对有机物进行代谢降解,在形成二氧化碳和水的同时,也完成了细胞的生长和复制。这一过程是由复杂的代谢途径控制的,它包括分解代谢(分解生物)和合成代谢(新细胞利用释放能量生长)。生物代谢终止就是在分解代谢完成后,合成代谢开始前终止这一过程,从而阻断了新细胞的形成。

5.5　城市垃圾填埋场渗滤液生物处理技术

5.5.1　概述

随着城市垃圾卫生填埋技术的不断应用,对其产生的二次环境污染问题的研究也越来越广泛深入。作为防止该技术应用过程中出现二次污染问题内容之一的渗滤液处理方法和技术的研究也日益得到重视。由于渗滤液水质和水量的复杂多变性,目前尚无十分完善的处理工艺,大多根据不同填埋场的具体情况及其他经济技术要求提出有针对性的处理方案和技术。

生物法分为好氧生物处理、厌氧生物处理、好氧-厌氧组合生物处理、塘系统、人工湿地系统、填埋场中循环处理等。好氧处理包括活性污泥法、曝气氧化池、氧化沟、生物转盘和滴滤池等。厌氧处理包括上向流污泥床、厌氧固定化生物反应器、混合反应器等。

5.5.2　渗滤液处理技术方案

垃圾填埋场渗滤液的处理技术既有与常规废水处理技术的共性,也有其极为显著的特殊性。渗滤液的处理有场内和场外两大类处理方案。具体方案有:直接排入城市污水处理厂进行合并处理;渗滤液向填埋场的循环喷洒处理;经必要的预处理后汇入城市污水处理厂合并处理;在填埋场建设污水处理站进行独立处理。

(1)与城市污水厂的合并处理(场外处理)

渗滤液与规模适当的城市污水处理厂合并处理是最为简单的处理方案,它不仅可以节省单独建设渗滤液处理系统的大额费用,还可以降低处理成本,利用污水处理厂对渗滤液的缓冲、稀释作用和城市污水中的营养物质实现渗滤液和城市污水的同时处理。但这并非是普遍适用的方法,一方面,由于垃圾填埋场往往远离城市污水处理厂,渗滤液的输送将造成较大的经济负担;另一方面,由于渗滤液所特有的水质及其变化特点,在采用此种方案时,如不加控制,则易造成对城市污水处理厂的冲击,影响甚至破坏城市污水处理厂的正常运行。

(2)建设独立的场内完全处理系统

由于城市垃圾填埋场通常位于离城市较远的偏远地带,当城市污水处理厂离填埋场较远时,采用与城市污水处理厂合并处理的方案,往往因渗滤液远距离输送的费用较高而不经济,此时建设场内独立的完全处理系统便成为一种可资选择的方案。但由于渗滤液的污染负荷很高,尤其是有毒有害物含量较高,因而其处理工艺系统须为多种处理方法的有机组合。目前,多采用预处理——→生物处理——→后处理的工艺流程。

5.5.3　不同时期垃圾渗滤液的处理技术

(1)垃圾渗滤液水质及其变化规律

1)垃圾渗滤液的影响因素

垃圾填埋场的结构与垃圾填埋技术直接影响到渗滤液的降解和稳定,好氧性结构的垃圾填埋场能够使垃圾渗滤液中污染物质快速降解,并能使垃圾渗滤液水质很快达到稳定。但是,好氧性垃圾填埋场的建设和维护费用是相当高的,与垃圾的好氧性填埋相比,准好氧性结构的垃圾填埋场容易建设,维护费用也低,并且也能够使垃圾渗滤水中污染物质快速降解,从而使垃圾渗滤液水质稳定化期间明显缩短。

2)国内外垃圾渗滤液水质

垃圾渗滤液主要是大气降水进入垃圾填埋层与垃圾接触,将其中的污染物及其降解产物溶出而成,因此,其成分和性质与其接触的填埋废物降解程度或"年龄"有关。其最大特点是随垃圾填埋场的使用期的延长而不断变化,而可生化降解性越来越差,其氨氮含量越来越高。具体见表5.3。

表 5.3　国内外垃圾填埋渗滤液水质

参　数	上　海	杭　州	广　州	深　圳	台　北	Bryn Posteg, UK	Barcelona, Spain
COD	1 500 ~ 8 000	1 000 ~ 5 000	1 400 ~ 5 000	15 000 ~ 60 000	4 000 ~ 37 000	5 518	86 000
BOD	200 ~ 4 000	400 ~ 2 500	400 ~ 2 000	5 000 ~ 36 000	6 000 ~ 28 000	3 670	73 000
TN	100 ~ 700	80 ~ 800	150 ~ 900	650 ~ 2 000	200 ~ 2 000	157	2 750
SS	30 ~ 500	60 ~ 650	200 ~ 600	1 000 ~ 6 000	500 ~ 2 000	184	1 500
NH_4^+—N	60 ~ 450	50 ~ 500	160 ~ 500	400 ~ 1 500	100 ~ 1 000	130	1 750
pH 值	5 ~ 6.5	6 ~ 6.5	6.5 ~ 8.0	6.2 ~ 8.0	5.6 ~ 7.5	5.0 ~ 8.0	6.2

注:除 pH 值外单位均为 mg/L。

相应地,渗滤液的处理方法,根据填埋场的年龄和特性的不同,需采用不同的处理方法:

①早期填埋场渗滤液,易生物降解性,采用以生物处理为主的方法,由于其有机物浓度高,宜采用厌氧→好氧生物处理流程。

②中期填埋场渗滤液,可生物降解性,采用生物处理与物化处理结合的方法。

③后期填埋场渗滤液,难生物降解性,采用以物理化学为主的处理方法。

(2)早期填埋场渗滤液的生物处理方案

我国目前运行的垃圾填埋场大都为早、中期,相应产生的垃圾渗滤液多为易生物降解和可生物降解的,一般采用生物处理方法为主。

对于中等浓度的渗滤液(CGD 3 000 ~ 5 000 mg/L)采用的流程如图5.4所示。

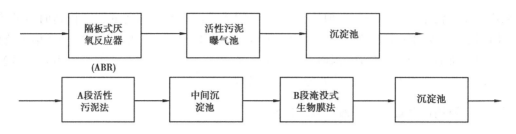

图 5.4　中等浓度的渗滤液处理流程示意图

5.5.4　活性污泥法垃圾渗滤液处理技术

（1）传统活性污泥法

渗滤液可用生物法、化学絮凝、碳吸附、膜过滤、脂吸附、气提等方法单独或联合处理,其中活性污泥法因其费用低、效率高而得到最广泛的应用。美国等国的几个活性污泥法污水处理厂的运行结果表明,通过提高污泥浓度来降低污泥有机负荷,活性污泥法可以获得令人满意的垃圾渗滤液处理效果。

（2）低氧、好氧活性污泥法

低氧、好氧活性污泥法及 SBR 法等改进型活性污泥流程,因其具有能维持较高运转负荷、耗时短等特点,比常规活性污泥法更有效。同济大学徐迪民等人用低氧、好氧活性污泥法处理垃圾填埋场渗滤液,试验证明:在控制运行条件下,垃圾填埋场渗滤液通过低氧、好氧活性污泥法处理,效果卓越。

（3）物化-活性污泥复合处理系统

由于渗滤液中难以降解的高分子化合物所占的比例高,存在的重金属产生的抑制作用,所以常用生物法和物理化学法相结合的复合系统来处理垃圾渗滤液。

5.5.5　生物膜法垃圾渗滤液处理技术

与活性污泥法相比,生物膜法具有抗水量、水质冲击负荷的优点,而且生物膜上能生长世代时间较长的微生物,如硝化菌之类。加拿大 British Columbia 大学的 C. Peddie 和 J. Atwater 用直径 0.9 m 的生物转盘处理 $COD_{Cr} < 1\ 000$ mg/L,NH_3—N < 50 mg/L 的弱性渗滤液,其出水 $BOD_5 < 25$ mg/L;当温度回升,微生物的硝化能力随即恢复。但是应当指出,这种渗滤液的性质与城市污水相近,对于较高浓度的渗滤液此方法是否适用还待研究。

5.5.6　厌氧与好氧的结合方式处理垃圾渗滤液技术

虽然实践已经证明厌氧生物法对高浓度有机废水处理的有效性,但单独采用厌氧法处理渗滤液也很少见。对高浓度的垃圾渗滤液采用厌氧-好氧处理工艺既经济合理,处理效率又高,COD 和 BOD 的去除率分别达 86.8% 和 97.2% 。

（1）厌氧-好氧生物氧化工艺

西南大学生物系对 pH 值为 8.0 ~ 8.6, COD 为 16/24 mg/L,BOD_5 为 214 ~ 406 mg/L、NH_3—N 为 475 mg/L 的渗滤液采用厌氧-好氧生物化学法处理,取得出水 pH 值为 7.1 ~ 7.9,COD 为 170.33 ~ 314.8 mg/L,BOD_5 为 91.4 mg/L、NH_3—N 为 29.1 mg/L 的良好效果。

（2）厌氧-气浮-好氧

大田山垃圾卫生填埋场渗滤液处理采用的是此工艺。根据广州市环境卫生研究所对类似垃圾填埋场渗滤液检测资料及模拟试验,结合此垃圾场实际情况定出渗滤液污水处理设计参数。进水水质 COD 为 8 000 mg/L、BOD$_5$ 为 5 000 mg/L、SS 为 700 mg/L、pH 值为 7.5;出水水质 COD 为 100 mg/L、BOD$_5$ 为 60 mg/L、SS 为 500 mg/L、pH 值为 6.5～7.5。

考虑到渗滤液水质变幅较大的特点,在厌氧段后加入气浮工艺,提高处理能力以应付进水水质偏高的情况。目前深圳下坪垃圾填埋场设计采用厌氧-气浮-好氧工艺处理渗滤液。

5.5.7　垃圾渗滤液在填埋场中循环处理（土壤灌溉法）

（1）AS 环处理法

土壤灌溉法是人类最早采用的污水处理法,但是土地处理系统的应用多见于城市污水处理。对于渗滤液的处理方法,将渗滤液收集起来,通过喷灌使之回流到填埋场。循环填埋场的渗滤液由于增加垃圾湿度,从而提高了生物活性,加速甲烷生产和废物分解。其次,由于喷灌中的蒸发作用,使渗滤液体积减小,有利于废水处理系统的运转,且可节约能源费用。由于再循环渗滤液具有诸多优点,所以设计填埋场时顶部不要全部封闭,而应设立规则性排列的沟道以免对周围水源造成污染。低浓度渗滤液不能直接排放,因 NH$_3$—N、Cl$^-$ 浓度仍较高,温度较低季节,蒸发少、生物活性弱,再循环渗流液的效果有待进一步研究。北英格兰的 Seamer Carr 垃圾填埋场,有一部分采用渗滤液再循环,20 个月后再循环区渗滤液的 COD 值降低较多,金属浓度有较大幅度下降,而 NH$_3$—N、Cl$^-$ 浓度变化较小。说明金属浓度的下降不仅是由于稀释作用引起的,也可能是垃圾中无机成分对其吸附造成的。

（2）循环方式

生物反应器的渗滤液循环,美国艾奥瓦州中东部的林恩郡使用生物反应器技术,处理垃圾并进行渗滤液循环,以减少永久填埋的需容量,并全面削减废弃物 50%,保持经济竞争力。将渗滤液循环至工作面最普遍的方法(11 处),是用带喷洒管和粗喷嘴的槽罐卡车或者拖车;另一处用水泵通过软管将渗滤液循环至工作面。用槽罐卡车或拖车循环到工作面,由于经济、简单、不需基础设施(如分配管)来妨碍废弃物填埋运行,一直是有效的方法。似乎每处进行渗滤液循环的填埋场都有水车或拖水槽的运输工具。将渗滤液循环至日覆层或中间覆层的上面或其下面(4 处),或废弃物堆内(4 处),这 8 处中有 2 处使用了竖井,4 处使用了水平沟分配循环的渗滤液。4 处水平沟中有 2 处是浅沟,安装在地表附近;其余 2 处随废弃物的填埋进度而逐渐埋深。

（3）运行经验

渗滤液循环系统运行时的一般运行经验是:经循环,减少了贮存液体,工作面的臭味相对易于控制;有时改变渗滤液源(坑或水槽)和处理(抽送)渗滤液的数量似乎影响臭味;在压力较高的系统中,孔眼被堵塞较少;填埋场减少了收集处置渗滤液量,但均不能确定减少量。

然而,渗滤液循环的潜在不足是:渗滤液堵塞并渗出地表;渗滤液处理得不充分,不能满足排入城市污水处理厂的预处理要求;获得的液体不足(尤其在较干旱气候下),不能充分实现渗滤液循环的潜在利益;需要附加一些运行程序,如改变废弃物放置程序,渗滤液腐败发臭和填埋气收集系统,以及由于承受能力,对使用期限产生的短期影响。

今后还需要在评估大规模渗滤液系统,研究最佳的渗滤液收集和填埋气的收集方式,解决渗滤液循环的潜在不足等方面进行深入探索。渗滤液循环的大规模应用及全面普及还存在许多重大挑战。

本章小结

本章主要从基础理论、水处理工程和实验技术 3 个方面详细叙述了废水微生物处理领域中相关基础知识、研究现状、实际应用及发展趋势。随着人类生活水平的日益提高和工业生产的飞速发展，相应产生了越来越多的城市生活污水、工业废水，严重污染了水体。很多淡水水体也随之遭到污染，水质恶化，清洁水越来越少。随着工业生产的进一步发展以及人们生活水平的进一步提高，水资源不足的问题将会更加严重。水是一种可再生资源，水处理是水资源再生的重要手段，利用微生物进行水处理使水资源再生，无论现在和将来都是水处理的主要途径之一。

第**6**章
应用微生物与环境污染生物修复

6.1 微生物对污染物的作用

微生物对环境污染物的作用是多方面的,本章着重讨论微生物对环境污染物形态和毒性的影响,包括降解作用、共代谢作用、去毒作用和激活作用。

6.1.1 微生物的降解作用

(1)降解微生物

降解微生物种类繁多,细菌、真菌和藻类都可以降解有机污染物。

1)细菌

由于不具有细胞核的一类微生物都归入细菌之列,所以细菌种类繁多。它们是降解有机污染物的主力军。细菌大约有29类,有很多种类都可以对有机物进行降解,包括真细菌、蓝细菌和古菌,即使是进行光合作用的颤蓝菌也有一定的降解萘的能力。

2)真菌

真菌是一大类真核异养微生物。一般将它们分为酵母、霉菌和大型真菌几类。现列出一些能降解有机物的真菌(表6.1)。

表6.1 几类有机污染物降解真菌举例

种 类	种 属	代表污染物
酵母	假丝酵母属	石油烃
	酵母属	石油烃、克菌丹、氨氯吡啶酸
	丝孢酵母属	石油烃
	红酵母属	石油烃
霉菌	曲霉属	石油烃、莠去津、2,4-D、利谷隆、2甲4氯、氨氯吡啶酸、扑草净、敌百虫
	葡萄孢属	石油烃、莠去津、扑草净、西草净
	枝孢属	石油烃、莠去津、扑草净、西草净
	小克银汉霉属	石油烃、PAHs、甲霜灵

续表

种　类	种　属	代表污染物
白腐菌	黄孢原毛平革菌 云芝	PAHs、TCDD PCP

3）藻类

藻类是含有叶绿素并能产生氧气的光能自养菌。藻类主要生活在水中,主要利用 CO_2 合成有机物,但在黑暗时也会利用少量有机物。在自然界藻类和菌类共同降解有机物。氧化塘（稳定塘）就是人类利用这一特性降解有机物的很好例证。藻类可以用来降解多种酚类化合物,如苯酚、邻甲酚、1,2,3-苯三酚等。据报道,在萘存在的条件下,有 20 种不同的藻类培养物具有氧化降解萘的能力。

小球藻对大部分偶氮染料都有一定的脱色能力,藻类对偶氮染料的脱色程度与染料化学结构有关。藻类在生物降解偶氮过程中,对 pH 值、光照强度及温度均有较宽的适应范围。因此,在一定条件下,藻类能保持较高的降解偶氮染料的活性。

藻类的生物降解,一般要在水中和藻菌共生体系中彻底矿化,故在生物修复系统中应用尚不多。

（2）基质代谢的生理过程

异生素作为基质的代谢基本过程和其他化合物的代谢相似,可能包括如下过程:向基质接近、对固体基质的吸附、分泌胞外酶、可渗透物质的吸收和胞内代谢。通常采用的方法是用单一菌种在高浓度纯品下进行间歇式培养,这种方法虽然很重要,但会掩盖自然界的很多"真相"。

1）向基质接近

生物体要降解某种基质必须先与之接近。接近意味着:微生物处于这种物质的可扩散范围之内,胞外酶处于这种物质可扩散范围之内,或微生物处于细胞外消化产物的扩散距离之内。因此,混合良好的液体环境（湖泊、河流、海洋）与基本不相混合的固体环境（土壤、沉积物）之间有很大差别,后者存在着运动扩散的障碍。在土壤中,相差几厘米就会有很大的差别。

2）对固体基质的吸附

吸附作用对于保证化合物代谢是必不可少的。纤维素消化需要有物理附着。在沥青降解菌的分离过程中发现细菌和团体基质之间有非常紧密的结合。

3）胞外酶的分泌

不溶性的多聚体,不论是天然的（如木质素）还是人工合成的（如塑料）都较难降解。不能降解的原因之一是分子太大。生物采取的办法就是分泌胞外酶将其水解成小分子量的可溶性产物。但是由于下面一些原因使胞外酶的活动不能奏效:胞外酶被吸附、胞外酶变性、胞外酶蛋白生物降解以及产物被与之竞争的生物所利用。

4）基质的跨膜运输

基质通常要由特定的、诱导性的运输系统吸收到细胞内,这在自然环境中尤其重要。在环境中基质浓度很低,通常只有微摩尔级,而微生物生理学家的研究经常在毫摩尔级。在低浓度下需要有积累机制,而高浓度下则是不必要的,甚至是有害的。

营养物质必须通过细胞膜才能进入细胞,细胞膜为磷脂双分子层,其中镶嵌、贯穿、覆盖着蛋白质分子;细胞膜控制着营养物进入和代谢产物的排出。一般认为,细胞膜以 4 种方式控制物质的运输,即单纯扩散、促进扩散、主动运输和基团转位,其中以主动运输为重要方式。

①单纯扩散(Simple Diffusion):又称被动运输(Passive Transport)。细胞膜这层疏水性屏障可以让很多小分子、非电离分子尤其是亲脂性分子通过物理扩散方式被动地通过。主要包括氧、二氧化碳、乙醇和某些氨基酸。C_{12} 以下的烃类可以扩散进入。这种扩散方式不需要载体蛋白(Carrier Protein),不需要提供能量。扩散动力是内外浓度梯度差,这种情况在自然环境中不多,因此它不是主要的基质转移方式。

②促进扩散(Facilitated Diffusion):和单纯扩散一样,必须是从环境中的高浓度向细胞内的低浓度扩散,同样不需要额外提供能量。它与单纯扩散的主要差别是:基质越过细胞膜要依靠膜上特异性载体蛋白。载体蛋白具有酶的性质,又称透性酶、移位酶或移位蛋白,通过诱导产生。因此,这种方式只能在高营养物浓度时发挥作用。

③主动运输(Active Transpoh):是微生物吸收基质的主要方式,特点是:需要特异性载体蛋白作为载体,需要能量(质子势、ATP),溶质和载体结合发生构象变化,可以逆浓度梯度运输,从而使生活在低基质环境中的微生物获得营养物。运送的营养物有无机离子、有机离子和一些糖类。不动杆菌属以这种方式浓缩烷烃。

④基团转位(Group Translocation):是一种既需要特异性载体蛋白又要耗能的运送方式,但基质在运送前后分子结构会发生变化,因此不同于主动运输。基团转位主要用于葡萄糖、果糖、甘露糖、核苷酸等物质的运输。

5)细胞内代谢

一旦异生素进入细胞,就可以通过周边代谢途径被降解。这类代谢通常是有诱导性的,并且有些是有质粒编码的。初始代谢产物通常汇集到少数一些中央代谢途径之中,作为代谢途径。

6.1.2　微生物的共代谢作用

早在 20 世纪 60 年代的研究中,人们已经发现一株能在一氯乙酸上生长的假单胞菌能够使三氯乙酸脱卤,而不能利用后者作为碳源生长。微生物的这种不能利用基质作为能源和组分元素的有机物转化作用称为共代谢。具体来说,微生物不能从共代谢中受益,既不能从基质的氧化代谢中获取足够能量,又不能从基质分子所含的 C、N、S 或 P 中获得营养进行生物合成。在纯培养中,共代谢是微生物不受益的终死转化,产物为不能进一步代谢的终死产物。但在复杂的微生物群落,终死产物可能被另外的微生物种群代谢或利用。

还曾有过"共氧化"一词,指不支持生长的基质的氧化作用,很显然这一概念较狭窄,因为许多代谢反应不只是氧化反应。

(1)共代谢基质与共代谢微生物

有许多化学品在培养物中为共代谢。这些化合物有环己烷、PCBs、3-三氟甲基苯甲酸、氯酚、3,4-二氯苯胺、1,3,5-三硝基苯和农药毒草胺、甲草胺、禾草敌、2,4-D 和麦草畏等。表 6.2 列举了在纯培养条件下一些共代谢基质及其产物。

表 6.2　纯培养中的一些共代谢基质及其产物

基　质	产　物	基　质	产　物
氟甲烷	甲醛	醚草通	脱氨醚草通
二甲醚	甲醇	丙烷	丙酸、丙酮
二甲基硫醚	二甲基亚砜	2-丁醇	2-丁酮
四氯乙烯	三氯乙烯	苯酚	顺,顺-粘康酸
苯并噻吩	苯并噻吩-2,3-双酮	DDT	DDD,DDE,DBP
3-羟基苯甲酸	2,3-二羟苯甲酸	邻-二甲苯	邻-甲苯甲酸
环己烷	环己醇	2,4,5-T	2,4,5-三氯酚
3-氯酚	4-氯儿茶酚	4-氯苯甲酸	4-氟儿苯酚
氯苯	3-氯儿茶酚	4,4′-二氯二苯基甲烷	4-氯苯乙酸
双(三丁基锡)氧化物	二丁基锡	2,3,6-三氯基甲酸	3,5-二氯儿茶酚
3-硝基酚	硝基氢醌	3-氯苯甲酸	4-氯儿茶酚
三硝基甘油	1-和 2-硝基甘油	间-氯甲苯	苄基醇
对硫磷	4-硝基酚	开蓬	一氢开蓬
4-氯苯胺	4-氯乙酰替苯胺	4-三氟甲基苯甲酸	4-三氟甲基-2,3-二羟基甲酸

共代谢产生有机产物,但这些有机产物不能转化为典型的细胞组分。在纯培养时和自然环境下均有这样的实验证据。有研究表明,来源于污水或湖水的细菌菌株或自然微生物区系可以代谢双糖,但是基质碳不能掺入生物量之中。在实际操作中需要特别谨慎,不能因为没有从环境中分离到降解菌就得出结论说是共代谢。许多细菌不能在简单的培养基中生长,是因为没有氨基酸、B 族维生素和其他生长因子。假如在环境中能够代谢试验化学品的微生物需要生长因子,而在分离时没有加入生长因子,则分离不到降解菌株,就得出结论说这种化合物实行共代谢,那么这个结论将是错误的。

（2）混合菌株作用

共代谢产物在培养液中积累,在自然界未必会积累。产物在第二个菌株的作用下继续共代谢或完全矿化。

混合菌株能使基质完全矿化,实际上是互补分解代谢,使得基质完全降解。菌株互补分解代谢途径的出现启发人们通过遗传工程技术构建能够矿化母体化合物的新菌株。

（3）共代谢的原因

一种有机物可以被微生物转化为另一种有机物,但它们却不能被微生物所利用,原因有以下几个方面。

1）缺少进一步降解的酶系

微生物第一个酶或酶系可以将基质转化为产物,但该产物不能被这个微生物的其他酶系进一步转化,故代谢中间产物不能供生物合成和能量代谢用。这是共代谢的主要原因。

简而言之,这种现象是由于最初的酶系作用的底物较宽,后面酶系作用的底物较窄而不能识别前面酶系形成的产物造成的。这种解释的最初的证据来自对除草剂 2,4-D 代谢的研究。2,4-D 首先转化为 2,4-二氯酚,但是只有部分酶或很少的酶能进一步代谢 2,4-二氯酚。当发生这种情况时,共代谢产物几乎全部积累,至少在纯培养时是这样。还有细菌将 3-氯苯甲酸转化为 4-氯儿茶酚,98% 的产物都是 4-氯儿茶酚。

2）中间产物的抑制作用

最初基质的转化产物抑制了在以后起矿化作用酶系的活性或抑制该微生物的生长。例如恶臭假单胞菌能共代谢氯苯形成 3-氯儿茶酚,但不能将后者降解,这是因为它抑制了进一步降解的酶系;恶臭假单胞菌可以将 4-乙基苯甲酸转化为 4-乙基儿茶酚,而后者可以使以后代谢步骤必要的酶系失活。由于抑制酶的作用造成了恶臭假单胞细菌不能在氯苯或 4-乙基苯甲酸上生长。又如假单胞杆菌可以在苯甲酸上生长而不能在 2-氟苯甲酸上生长,是由于后者转化后的含氟产物有高毒性的缘故。

3）需要另外的基质

有些微生物需要第二种基质进行特定的反应。第二种基质可以提供当前细胞反应中不能充分供应的物质,例如转化需要电子供体。有些第二种基质是诱导物,例如一株铜绿假单胞菌要经过正庚烷诱导才能产生羟化酶系,使链烷烃羟基化转化为相应的醇。

（4）与共代谢相关的酶

与共代谢相关的酶主要有：

①甲烷营养细菌的甲烷单加氧酶。

②甲苯双加氧酶。

③甲苯双单氧酶。

（5）共代谢的环境意义

从某种意义上来说,共代谢只是微生物转化的一种特殊的类型,它不仅有学术上的意义,而且在自然界有相当重要的意义。对于环境污染物来说,它会造成不良的环境影响。这是因为：

①进行共代谢的微生物数量在环境中不会增加,物质转化速率很低。不像可以进行基质代谢的微生物随微生物繁殖而增加代谢率。

②共代谢使有机产物积累,产物是持久性的。由于在结构上经常和母体化合物差别不大,如果母体化合物是有毒的,共代谢产物也是有害的。

由于共代谢作用使基质降解缓慢,所以十分关注提高降解速率的问题。有实验表明向土壤中或污水中添加多种有机化合物可以促进 DDT、多种氯代芳香族和兼代脂肪酸的共代谢速率,但对这种添加的响应是不可预测的。目前尚不清楚添加的可矿化基质降解的代谢途径与共代谢的化合物之间的相互关系。试验中添加的分子是随意选择的,它们有时可以刺激,有时不能刺激共代谢。在刺激的情况下,使微生物生物量出现了意想不到的增加,刚好有些微生物可以共代谢这种化合物。

另一种方法是添加和共代谢基质结构相类似的可矿化物质。条件是生长在可矿化化合物上的微生物区系含有转化类似分子（共代谢分子）的酶系。这种类似物富集的方法已经用于添加联苯,促进 PCBs 的共代谢,因为无氯的联苯易矿化、无毒,可以充当共代谢 PCBs 微生物的碳源。相似的方法有添加烷基苯甲酸促进三氟甲基苯甲酸的共代谢,添加苯胺促进土壤中2,4-二氯苯胺的代谢。用类似物富集法也可以用来筛选共代谢菌株。

6.1.3 微生物的去毒作用

微生物不但可以使污染物分子在结构上发生改变,例如发生转化、降解、矿化、聚合和腐殖酸结合等,微生物同样还可以使污染物在毒性上发生改变,例如去毒和激活。

去毒作用指使污染物的分子结构发生改变,从而降低或去除其对敏感物种的有害性。敏感物种包括人、动物、植物和微生物,其中最为关注的是人。

去毒作用导致钝化作用,即将在毒理学上具有活性物质转化为无活性的产物。由于毒理学活性与化学品的本体、取代基团和作用方式有关,所以去毒作用也包括不同类型的反应。

促使活性分子转化为无毒产物的酶反应通常在细胞内进行,形成的产物通常有 3 种转归。

①直接分泌到细胞外。

②经过一步或几种特殊的酶反应,进入正常代谢途径,然后以有机废物的形式分泌到细胞外。

③经过一步或几种特殊的酶反应,进入正常代谢途径,但最后的碳以 CO_2 的形式释放出来。

6.1.4 微生物的激活作用

微生物对有机物的转化作用,除去毒以外,还有另一种作用即激活作用。激活作用指无害的前体物质形成有毒产物的过程。从这种意义上说,微生物群落也可以产生新的污染物。应当懂得生物修复分解了靶标化合物,未必是消除了有害物质的危险性。所以需要密切监视废物的生物修复系统中有机物分子降解的中间产物和最终产物及其毒性。激活作用可以发生在微生物活跃的土壤、水、废水和其他任何环境。产生的产物可能是短暂的,是矿化过程中的中间产物;也可能持续很长时间,甚至引起环境问题。激活作用的结果是生物合成致癌物、致畸物、致突变物、神经毒素、植物毒素、杀虫剂和杀菌剂。激活的产物有时会改变迁移性,使其更容易迁移,或不容易迁移。

(1)激活反应

常见的有代表性的激活反应有以下一些。

1)脱卤作用

三氯乙烯(TCE)在微生物的降解过程中会发生重要的激活作用,TCE 使用很广泛,许多含水层受其污染。TCE 降解的主要产物是氯乙烯,后者为强致癌物。

$$Cl_2C =\!\!=CHCl \longrightarrow ClHC =\!\!=CH_2$$

在受 TCE 污染的地下水中以及进行厌氧细菌生物修复过程中经常可检出氯乙烯。在厌氧代谢中还可以形成顺 1,1-二氯乙烯和反-1,2-二氯乙烯,它们也是同样的致癌物。

TCE 在甲烷营养的培养物中不进行脱卤反应,不会形成氯乙烯,氯原子会向邻近碳原子上转移,形成 2,2,2-三氯乙醛。三氯乙醛既是致癌物又有急性毒性,如果和乙醇饮料一起摄入会使人立即失去知觉。

2)亚硝胺的形成

仲胺和叔胺类产品在工业上大量应用,在洗涤剂和一些农药中均含有。在植物体、鱼体、腐败的物质等天然产物中也会含有,有的含量相当高。因此它们在河水中、废水中和土壤中普遍存在。

植物残体腐败后可形成仲胺和叔胺,污水中的肌酸酐、胆碱和卵磷脂也可形成仲胺。某些杀虫剂在土壤中也可转化为仲胺;在土壤、污水和微生物培养液中叔胺经过脱烷基作用,可以转化为仲胺。

研究最透彻的是三甲胺(叔胺)向二甲胺(仲胺)的转化,这个过程是微生物作用的结果。简单的仲胺和叔胺以及复杂含氮化合物前体毒性很少。然而当它们进一步形成亚硝酸盐后毒性增加。

亚硝酸盐在自然界中的含量很低,它实际上是微生物作用下的氨氧化为硝酸盐,硝酸盐再反硝化形成亚硝酸盐。

尽管环境中的亚硝酸盐浓度很低,但这样低的浓度已足以发生激活反应。仲胺和亚硝酸盐结合发生亚硝化作用,形成高毒性的 N-亚硝基化合物。此反应可以在污水、湖水、废水和土壤中发生,参加反应的仲胺有二甲胺和二乙醇胺等。

实际上亚硝胺作用可以是非酶作用,是胺和亚硝酸盐与某些代谢产物或细胞组分的自发反应。在自然 pH 值下胺向亚硝胺转化的程度很低,如果人为降低 pH 值可以提高产率。

3)环氧化作用

微生物可以使一些带双键的化合物形成环氧化物,例如有一些农药的产物比前体对动物更具毒性,例如七氯在土壤、培养液中转化为环氧七氯,艾氏剂在土壤微生物和在培养液中转化为环氧化物狄氏剂(图 6.1)。

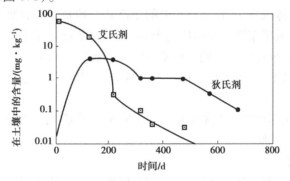

图 6.1　土壤中的艾氏剂转化为狄氏剂的环氧化作用

由于狄氏剂的毒性和持久性,用于防治地下害虫的艾氏剂和狄氏剂已被禁止使用。有些地方的土壤在 20 年前用过艾氏剂,但至今还有狄氏剂的残留。

4)硫代磷酸酯转化为磷酸酯

硫代磷酸酯农药是广泛使用的一类杀虫剂,其通式为

$$\begin{array}{c} RO \diagdown \overset{\displaystyle S}{\underset{\displaystyle |}{P}} {-}OX \\ RO \diagup \end{array}$$

其中 R 为短链烷基,一般为 CH_3,但转化为对应的磷酸酯可成为毒性较大的杀虫剂,并对人无害。

激活反应能在动物体内发生,也能在自然环境中和农业土壤中发生。毒虫畏在土壤中发生激活作用,氧化脱硫生成很强的胆碱酯酶抑制剂,其毒性增加大约 1 万倍。对硫磷转化为氧化类似物对氧磷的反应在土壤中和在微生物培养物中均可发生。

5）苯氧羧酸的代谢

苯氧羧酸中的 2,4-D 是很著名的除草剂,其结构的类似物不具活性,但它们在植物体内转化为 2,4-D 就具有活性。在土壤中有同样的情况。例如(2,4-二氯苯氧)已酸为母体化合物,经过二次 β-氧化转化,先转化为 4-(2,4-二苯氧)丁酸(2,4-DB),最后转化为 2,4-D 细菌培养物可有此反应,土壤中微生物可有此反应,非生物不可能有此反应。

废水污泥中的微生物可将表面活性剂聚乙氧基壬酚去除侧键变为 4-壬酚,后者对鱼和其他水生生物具有毒性,并且是弱的雌激素。

6）硫醚的氧化

硫醚的氧化反应可以在微生物的纯培养物中发生,也可以在土壤中发生。商业上广泛使用的农药有涕灭威、甲拌磷、乙拌磷。

7）酯的水解

一些酯类除草剂经水解酶作用成为游离酸,发挥其毒植物素的作用:

$$H_2O + RCOOR_3 \longrightarrow RCOOH + ROH$$

如麦草氟甲酯、新燕灵和禾草灵施入土壤中会有此反应。在这些农药的名称中均标明 R 是甲基或是乙基,其水解产物分别为甲醇或乙醇。

8）甲基化

微生物甲基化激活作用的典型例子是金属汞、砷和锡的甲基化。

汞甲基化后,在鱼体内富集,比水环境中的汞高几个数量级。有机汞的特点是有毒、代谢缓慢、易为生物积累。汞甲基键在生物体内十分稳定,烷基增大了汞化合物的脂溶性,使得这类化合物在有机体内有很长的半衰期。甲基汞能穿过血脑屏障损害中枢神经系统。

在好氧和厌氧环境下,汞可形成一甲基汞(CH_3Hg^+)和二甲基汞(CH_3HgCH_3)。

9）去甲基化

绿色木霉和亮白曲霉可以使双苯酰草胺(即 N,N-二甲基-2,2-二苯基乙酰胺)转化为一甲基和无甲基的二苯基乙酰胺。

10）其他激活方式

在污染物的代谢中,其实激活作用并不普遍,但种类却很多,往往以特有的方式进行。

许多微生物可以分解硫酸酯,产物一般是无毒的。但是土壤细菌蜡样芽孢杆菌可以将无毒的 2,4-二氯苯氧乙基硫酸酯转化为 2,4-D。据推测中间产物为 2,4-二氯苯氧乙醇。

微生物可将杀真菌剂苯菌灵转化为苯并咪唑氨基甲酸甲酯。前体和产物均是杀菌剂。由于某些真菌对其产物很敏感,因此对这些真菌来说是激活。

多氯二苯并二噁英和多氯二苯并呋喃是毒性最高的化合物,其中以 2,3,7,8-四氯二苯并二噁英(TCDD)的毒性最强。它们可以在过氧化物酶的作用下由 3,4,5-三氯苯酚和 2,4,5-三氯苯酚形成。过氧化物酶还能把 PCP 转化为八氯二苯并-p-二噁英。然而,这种生物合成在自然界或在微生物中还未发现。

(2)激活作用类型

1）典型激活

在上一小节引用的例子中大部分都是严格意义上的激活,即产物比前体更具有毒性,其实对生物体的代谢毒害还可以表现在迁移性和持久性上。产物更具迁移性和持久性则危害更大,有些微生物产物就是这样。在地下水中产物比前体更容易检测到,产物比前体化合物在自然界消失得更慢。例如,艾氏剂施用转化为狄氏剂后更持久,形成长期的污染。从二甲胺转化为亚硝基二甲胺不仅致癌性提高,而且更容易穿过土壤进入地下水,并具有持久性。

2)缓解

有时一种化合物(A)会具有两种前途:它可以转化为有毒化合物 B,即激活;也可以转化为无毒化合物 C(图6.2),由于 A 向 C 的转化而避免了 A 向 B 的激活,故称为缓解。缓解的原义为去引信,比喻 A 如果像炸弹一样去掉引信,炸弹就不再会伤人。

图6.2　污染物的激活与缓解

3)生物毒性谱的变化

对一类生物有毒的化合物,在分子结构改变以后会对完全不同的另一类生物有害,这就是毒性谱发生改变。它不是严格意义上的激活,而是对另一类生物的激活。

毒性谱变化的例子很多,它们在微生物的作用下变化很大,也有在非生物中发挥作用的。有些化合物的母体化合物及其一两种代谢产物均只对一种生物有毒性。例如,莠去津在土壤中去乙基后,母体及其产物均只对植物有毒;而 2,6-二氯苯酰胺(即敌草睛),在土壤微生物作用下代谢产物为 2,6 二氯苯酰胺,这两种化合物都对植物有毒性。阿维菌素 B2a 在土壤中由微生物转化为其 2,3-酮基的衍生物,由一种杀线虫剂转变为另一种杀线虫剂,在某些条件下代谢物比原来物质更持久。有许多杀真菌剂在微生物转化下成为对其本身有毒性的抗真菌剂。

6.2　环境条件与生物降解

6.2.1　非生物因子对生物降解的影响

(1)物理化学因子

每种微生物菌株对影响生长和活动的生态因素(如温度、pH 值、盐分等)均有耐受范围,有耐受上限和耐受下限。如果某一环境中有几种降解微生物,就比在同一环境中只有一种降解微生物的耐受范围要宽,但如果环境条件超出所有定居微生物的耐受范围,降解作用就不会发生。

非生物因子有营养盐、温度、pH 值、水分(土壤中)、盐分、毒物、静水压(深海和深层土壤)等。

(2)养分供应

1)碳源

碳源对细菌和真菌的生长很重要。在土壤、沉积物或水体中通常含碳量很高(1%),但是许多碳以微生物不可利用的或缓慢利用的络合形式存在,经常出现碳源是微生物生长限制因子的情况。有机污染物进入环境后,如果它的浓度比较高,碳源不会成为生长的限制因子,但是如果浓度较低仍是限制因子。有时污染物浓度看起来很低,但实际并非如此,这是由于环境中的污染物未均匀混合或者是以 NAPLs 的形式存在。例如,在原油、汽油或溶剂与环境之间的界面上碳浓度很高。这时,原来不是限制因子的营养盐类成为高度的限制因子,通常 N 和 P 是缺乏的,一般不缺乏 K、S、Mg、Ca 和 Fe 以及微量元素。

2)氮和磷

尽管环境中氮、磷的含量很低时生物降解速率也很低,但是降解仍然可以继续。这可能与营养物的再生有关,即无机营养物被微生物同化为细胞后,再经过细胞溶解或原生动物消化后又转化为无机物。在这种情况下,降解速率受到了限制营养盐的循环速率的支配。原生动物可能在海洋、湖泊以及土壤中的营养盐再生中起非常的重要作用。

钙和镁大量存在于内陆的水体中,并且反应性钙、铁和镁存在于土壤和沉积物中。这些阳离子改变了磷的有效性。而且,pH 值会影响水相中的钙和镁的磷酸盐的性质,也会改变 $H_2PO_4^-$ 和 HPO_3^{2-} 的相对比例。在溶液中磷的变化可以解释为什么一株使酚矿化的假单胞菌在 pH = 8.0 时需要高浓度磷,而在 pH = 5.2 时仅要求低浓度磷。

除了氮、磷以外,铁有时会限制微生物分解海上石油的速率,海水中的有效铁浓度通常很低。

3)生长因子

在环境中可能有降解同一种化合物的几种降解菌。当营养缺陷型和原养型菌种共同存在时,生长因子缺乏不会影响到降解,但是如果环境中只有一种或两种降解菌,并且是营养缺陷型,生长因子的供应就会成为限制因子,影响降解速率。

生长因子还会影响到提供生长和生物降解碳源的阈值浓度。混合氨基酸能降低细菌增殖的最低葡萄糖浓度,单种氨基酸可以降低湖水中细菌对酚矿化的阈值。

(3)氧气供应

在许多环境条件下,大量基质的降解需要有电子受体充分供应。例如烃类等几类化合物的降解,氧气是仅有的或优先的电子受体,即只有在好氧条件下才能发生转化作用或是只有专性好氧菌才能进行最迅速的转化作用。当氧气扩散受到限制时,原油和其他烃类的降解速率就会受到影响。受汽油或石油污染的地下水,水相中的氧气会迅速消耗,接着降解变缓,最后停止。因此,典型的修复策略是增加氧气的供应量,如强制供气、供纯氧或添加过氧化氢等。

有时有机物的生物降解不需要分子氧的供应,在厌氧条件下可由有机物、硝酸盐、硫酸盐或 CO_2 作为电子受体。如果环境中的硝酸盐或硫酸盐耗尽,降解反应就会停止,需要重新补充电子受体。

(4)多种基质作用

1)多种基质作用的现象

多种有机质可以同时被利用。经常是一种基质可以促进另一种基质的降解速率。这种情况可以发生在环境样品中或生物反应器内,也可以发生在两种微生物的培养物内或纯培养中。相反,一种基质也可以减慢另一种基质的降解。

2)多种基质作用的原理

在自然界,如果两种基质之间不存在相互影响,可能是因为两种不同种微生物有各自不同的基质。当不同的微生物受一些共同因子的限制(如受原生动物捕食、缺氧、缺无机盐)时两种基质之间也会发生影响。另一种情况是一种微生物正在降解两种化合物,其浓度可能太低而不能进行二次生长。由于二次生长涉及第一种基质代谢,并且抑制了分解第二种基质的酶的合成;如果在微生物体内两种碳源的分解代谢或酶调节的机制不受与二次生长有关的生理过程控制的话,二次生长可能是不重要的。

有许多假说解释,一种化合物促进另一种化合物的降解,但是大多缺少实验证据。

6.2.2　生物因子对生物降解的影响

(1)协同

许多生物降解作用需要多种微生物的合作。这种合作在最初的转化反应和以后的矿化作用中都可能存在。协同有不同的类型,一种情况是单一菌种不能降解,混合以后可以降解;另一种情况是单一菌种都可以降解,但是混合以后降解的速率超过单个菌种的降解速率之和。

协同作用的机制有多种,其中包括:

1)提供生长因子

一种或几种微生物向其他微生物提供维生素 B_2、氨基酸或其他生长因子。一株假单胞菌分泌的生长因子对能利用溴化十二烷基三甲基铵的黄单胞菌属的生长和降解很必要,分泌维生素 B_2 的菌对在三氯乙酸上生长和脱氯的细菌很必要。

2)分解不完全降解物

一种微生物可对某种有机物进行不完全降解,第二种微生物则使前者的产物矿化。许多合成有机物在纯培养条件下只能进行生物转化,很少矿化。然而,在自然界许多菌共同降解有机物。

3)分解共代谢产物

一种微生物只能共代谢有机物形成不能代谢的产物,另一种微生物则可以分解这些产物,这表明共代谢产物被另外的微生物降解。

4)分解有毒产物

第一种微生物的产物对自身有毒害作用,但是另一种微生物可以解除这种毒害,并将其作为碳源和能源利用。

类似的情况还有种间氢转移,即一种细菌产生的氢或其他还原物质被另一种细菌使用,这是一种独特的协同作用类型,表明在厌氧条件下不同种群之间的相互依赖关系,如:

$$2CH_3CH_2OH + 2H_2O \longrightarrow 2CH_3COOH + 4H_2$$
$$4H_2 + CO_2 \longrightarrow CH_4 + 2H_2O$$

总反应为:

$$2CH_3CH_2OH + CO_2 \longrightarrow 2CH_3COOH + CH_4$$

在两种不同种群的作用下乙醇形成甲烷和乙酸,第一个种群产生的有毒害氢被第二个种群分解。

(2)捕食

在环境中会有大量的捕食、寄生微生物,还有裂解作用的微生物。这些微生物会影响到细菌和真菌的生物降解作用。影响经常是有害的,但是也可以是有益的。

原生动物是典型的以细菌为食的微生物。一个原生动物需要消耗 $10^3 \sim 10^4$ 个细菌才能生长繁殖,因此在环境中有大量原生动物时,细菌数目显著下降。原生动物还可以促进有限的无机营养(特别是磷和氮)的循环并分泌出必要的生长因子。

原生动物有时也可以刺激微生物活动。例如纤毛虫、豆形虫存在时,可以促进混合细菌分解原油。在有许多纤毛虫和鞭毛虫时也可以促进植物组织或颗粒物的降解,促进降解主要与氮、磷再生有关。环境中氮、磷浓度很低限制了微生物的生长,氮、磷被各种微生物同化后,缺少氮、磷供降解菌利用,所以影响了转化速率。原生动物捕食了一些生物量并排出无机氮、磷以后,这部分氮、磷可供生物降解菌再利用。这种氮、磷再生或氮、磷矿化过程在土壤、淡水和海洋生态系统中都很重要,原生动物消化细菌的同时可以分泌生长因子,促进维生素、氨基酸营养缺陷型菌的生物降解作用。

6.3 生物修复的可处理性研究

6.3.1 可处理性研究的总体目标

在生物修复处理过程的各个阶段都需要进行可处理性研究。研究的开始可能是在烧杯内进行的化学品可生物降解性试验,用大约一个星期或更短的时间就可以得到结果;然后可能是中试研究,要有几个月的运行时间,可为实际设计提出标准、费用和运行方案;最后由大规模的实验研究构成实际应用的生物修复项目的一小部分。

进行可处理性研究的第一步是确立目标和预算,这两个因素决定了可处理性研究的程序,并且它们经常是相互制约的。

可处理性研究的目的决定了试验设计的范围。可处理性研究的具体目的有以下几点:

①评价整个过程的可行性。

②确立处理可以达到的浓度。

③确定处理过程设计的标准。

④估算处理过程的设备和运行费用。

⑤决定控制参数和最优化实施的限制条件。

⑥评价物料供应处理技术和设备。

⑦证实现场运行情况和污染物的最终转归。

⑧评价处理运行中的问题。

⑨提供在现场净化中连续最优化运行的方法。

如果我们不知道是否有合适的生物体系能够满足消除污染物的要求,那么首要的目的是对一个或几个可能的生物体系进行全面的可行性评价。第二步是利用这些评价所提供的信息来预测可能达到的处理水平。通过这两个步骤,我们应该得出被评价的处理系统是否合适的结论。如果处理水平令人满意,接着就研究设计标准。于是就进入了第二阶段的研究。研究内容可以包括负荷率、水力接触时间、污泥停留时间、容重和混合比等。研究还应该确定生物修复的控制参数及其运行限制条件。对于土壤和泥浆相的生物修复,评价应包括物料供应技术和装备。最后,可处理性研究应该预测处理计划的费用和周期。

6.3.2 实验设计

在确定研究目的之前,首先要明确促使可处理性研究开展的外部因素。这些因素包括:

①管理部门的目的。

②客户的要求。

③污染物对人体健康以及对环境造成的危害程度。

④污染地点的敏感性。

⑤时间计划的灵活程度。

⑥项目预算的灵活程度。

⑦工程的置信因子。

（1）设计的基础

在考虑了上述因素以后,就要进行制订方案的基础工作了。这些工作包括:

①将如何完成、量化和记录可处理性研究。

②确定是使用标准化方案还是使用专门设计的方案。

③确定可处理性研究是在实验室最佳条件下进行还是在室外模拟条件下进行。

④确定进行所有试验方案和数据分析的质量控制水平。

⑤确定在采集分析数据过程中是否用统计学上显著的数据。

⑥确定在数据采集中使用的分析方法。

可处理性研究项目可以一次完成,也可以分成两个或几个阶段完成。分阶段进行的好处是可以利用前一阶段的结果再更改或确定下一步的实验方案,缺点是耗时。通常由于时间和费用的原因,计划需一次完成,但是如果对处理技术的可行性有疑问,还是以使用多阶段方法为好。通常可处理性研究项目按条例规定执行。

对每一个阶段或整体来说,没有典型的或最好的方法。每一具体情况都需要考虑一些特别的因素,例如客户的要求、管理部门的要求、项目的时间进度和费用限制。一个可处理性研究计划可以看作是一套分别进行的单项的组合,这些项目是:

①评价土著微生物对靶标化合物的降解能力。

②评价接种微生物的强化降解能力。

③评价环境参数的最适范围(水分、pH 值、营养物以及微量元素)。

④评价添加基质和电子受体的需求和效果。

⑤确定主要基质的充足和缺乏的循环过程。

⑥评价是否需要补充电子供体。

⑦评价在实验室理想的条件下,或在模拟现场的条件下,靶标化合物的降解速率。

⑧评价生物修复项目的预期时间。

⑨确定处理可达到的水平。

⑩评价在原位处理中土水系统可能发生的反应和阻塞。

⑪评价由于混合、表面活性剂和中间代谢物的积累而造成的毒性改变。

⑫评价挥发程度。

⑬确定不同优化措施下的费用-效益。

⑭评价控制过程的监测频率。

⑮评价在不显著降低运行的情况下,过程控制参数的运行限制条件。

（2）制订方案

标准化方案只能满足最低标准。标准化方案的使用丧失了灵活性,不能满足特定地区的要求,标准化方案不能评价在现场处理项目中所需解决的问题,更重要的是,标准化方案不能用于评价比较先进的生物修复过程的能力。

大多数可处理性研究需要专门设计的方案,这些方案可以确保一些问题得到令人信服的答案。

1)对照

所有处理性评价都需设对照。对照可为待评价的参数提供比较基数。如果没有对照,获得的实验结果没有任何意义。除去待评价的变量外,对照处理与实验处理的条件完全一致。

2)土著微生物

土著微生物降解靶标化合物的能力可以通过较简单的实验室实验判断。第一步是采取充足的土样或水样,通常用实际污染地区的土壤或液体样品,分析污染环境中靶标化合物的含量、微生物数量、pH值和土壤水分。pH值和水分含量要适宜细菌和真菌的生长。在这一阶段不必确定养分浓度,可将各种可能的养分添加到受污染的介质中。

3)接种微生物

对一些化合物降解来说需要使用接种微生物。为了评价接种微生物的作用效果,要将其在与土著微生物大致相同的情况下进行对比。对照组应包括:没有生物活动的对照,有土著微生物的对照,以及土著微生物加欲接种微生物附带的基质的对照。接种微生物中可能会附带一些基质,例如木屑、培养液等,作为对照使用时可将其用高温或其他技术灭活。数据必须区分微生物对靶标化合物的反应和对添加有机质的反应。

利用微生物强化土壤或生物反应器的技术取决于微生物的性质。研究方法因好氧细菌、厌氧细菌和真菌的不同而不同。

微生物在现场接种以前,应在适宜的培养基中培养。

将接种菌以及营养物质、木屑耕翻混合到土壤中。接种菌和木屑与土壤的混合比是2.5%(以干重计算)。

4)过程最优化

方案可以用来评价主要基质、补充的营养物质、电子受体及其供给方式的有效性。试验重点是处理过程的优化。环境参数包括营养物质、电子受体和补充基质即电子供体。评价这些环境参数的较理想的方法就是将评价参数设为变量,而其他参数恒定。

在可处理性研究中,许多化学物质被作为营养成分、电子受体或电子供体。在现场生物修复中添加养分的重要性尚不明确,在实验室中添加营养物质有较好的效果。关于这一点有几种解释,通常认为有两个因素的作用,即有其他的因素降低了生物降解速率和可能存在养分再生。如果是其他因素限制了降解速率,那么这种因素很可能是氧的供给速率,所以添加营养物质的优点也不能表现出来。降解速率降低通常比实验室研究能提供更多的养分再循环。通常在原位处理中,只有明确了降解速率受到限制时,才需要添加营养物质。

5)可达到的处理浓度

对任何生物修复系统来说,最重要的问题是能达到什么样的处理水平和多长时间完成。只有在选定了微生物体系和确定最优的环境条件以后才能回答这两个问题。

在实验室内进行可处理性研究得到的降解速率很难在现场实验中得到,固相、泥浆相和原位生物修复尤其如此。实验室内研究经常为一级或二级反应速率,原因有以下几方面:通常的限制因素是介质的多相不均匀性、混合不充分、解吸作用和关键反应物的供给速率低。

如果没有达到应降解的水平,应该分析失败的原因。一般来说,与微生物体系和反应器的结构有关。

6.3.3 方法学和费用

方法是可以改变的,方法可以体现项目的预算和执行时间。大多数可处理性研究采用专门设计的方案。实验设计根据特定的需要和项目的范围确定。试验方案、对照试验的数量、分析步骤以及质量控制水平都与项目的环境重要性(健康和生态影响)有密切的关系。

出现没有预料到的结果是很普遍的现象。如果没有这种情况,可能就不必进行可处理性研究了。在预算中要留有余地,应包括额外的由于分析和解决问题而增加的费用。

(1)仪器设备

可处理性研究所使用的设备,可以从简单的锥形瓶到供中试使用的精心设计的设备,系统可以使用密闭的反应器以防挥发保证质量平衡。固相系统使用土壤皿、烧杯、桶或盆,以及封闭的反应器。进行土壤堆和堆制研究的封闭反应器。

泥浆相研究使用烧杯、血清瓶、桶、250 L 的大桶、20 000 L 的大槽以及可分隔的实际氧化塘。液相可处理性研究使用反应烧瓶。

(2)方案

标准化方案没有也不可能包括所有的介质和代谢方式。由于代谢方式和特定微生物变化很大,接触反应器的性质也会有显著变化。因为每一个变量都能影响处理方案,所以标准化方案只在最初的可行性研究中使用。

1)液相好氧生物降解

评价液相好氧生物降解的程序按 40CFR 796.310 进行。实验通过监测 CO 的产生量来衡量矿化程度。细菌在无二氧化碳的环境中暗处培养(图 6.3)。用 $Ba(OH)_2$ 液吸收产生的二氧化碳。分析样品中的溶解有机碳,并滴定容器中的 $Ba(OH)_2$ 来得到逸出的二氧化碳量。同时设无污染物的对照瓶。

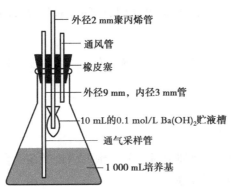

图 6.3 用于液体好氧生物降解摇床试验的反应瓶(标准方案 40CFR 796.310)

2)土壤

土壤方案见于 40CFR 796.3400,称为《土壤中固有的生物降解性》。该方法经修正后可用于液体和泥浆。方案要求使用 ^{14}C 标记的靶标化合物。放射性标记的靶标化合物价格高,有时不易获得,分析监测费用也很高。这对实际使用来说是一个重要缺陷。放射性标记化合物混合到标准土壤中,化合物矿化产生放射性标记的二氧化碳,二氧化碳吸收到碱液中用液闪计数测定。

3）厌氧

厌氧微生物和好氧微生物在研究方法上有很大差别。厌氧可处理性研究和培养技术需要在无氧的环境中进行。一般利用特殊的混合气体、电子供体和受体。

室内厌氧可处理性研究可用血清瓶作为反应容器。使用血清瓶进行厌氧土壤和沉积物可处理性研究的方案见40CFR 795.54《亚表层环境中化合物的厌氧微生物学转化速率数据》。

4）监测指标

悬浮生长的反应器的生物量使用混合液挥发性悬浮固体（MLVSS）监测。这种方法用重量法测定悬浮的可燃烧的有机质量。这种技术适用于生物反应器体系，但不适于大多数小型间歇式反应器。

5）中试

大多数标准化方法不能用于制定设计标准和过程优化，这就要求根据设计原则使用间歇式的或连续流动式的中试系统，并延长运行时间和监测更多的过程变量。液相生物反应器（悬浮式反应器和固定膜式反应器）的设计原则易于把握。

固相和泥浆相的中试研究要有一定规模，故比较困难，其局限性在于土壤和污泥的不均匀性，不能在小容积下评价物料供给系统设备，不能用小型中试设备均匀添加养料和其他添加剂。

所有中试工程都要求对过程控制和处理反应进行监测。监测过程控制参数必须有足够的次数。监测的次数与生化体系的反应速率和稳定性有关，生化体系的稳定性受水、土化学特性和生物量的影响。

6）中试监测

对于大多数处理系统来说，除pH值和氧气以外的过程控制参数，一日监测2～3次已经足够了。推荐采用自动监测。固相体系或原位体系的监测次数很难确定，甚至要到可处理性研究正在进行时才能确定。氧转移速率很低，经常限制了生物降解速率。在原位反应中，它受注入速率和地下水流速度的影响。监测开始时，应间隔时间短，以后根据情况可以延长时间。

6.4　真菌的降解作用与生物修复

6.4.1　真菌的降解作用

真菌代谢方式十分特殊，真菌细胞通过分泌胞外酶将潜在的食物分解，然后再吸收进入细胞。这就意味着它的酶分解能力很强。

对于人类来讲，真菌有两面性。一方面，真菌可以毁坏木材、木制品、纤维、谷物和许多食品；另一方面，许多传统的发酵工业、酿造业都使用真菌。真菌在实际中应用是经济有效的。

真菌可以很好地在菌丝和孢子上积累重金属镉（Cd）、铜（Cu）、铅（Pb）、汞（Hg）和锌（Zn）等。有时死菌的细胞壁比活菌的细胞壁更容易吸附重金属。已经开发出少许根霉的处理系统用来处理铀等。工业发酵产生的生物量是浓缩这些重金属污染物有用的资源。

6.4.2　木质素及其降解菌

(1)木质素的结构与生物降解特点

木质素是一种杂聚物,以苯丙烷基为结构单元,靠多种共价键方式连接,形成一种不溶于水、异质、高度分支的三维网状大分子。由于木质素的结构非常特殊,所以可以抵抗大多数微生物的攻击,只有少数的丝状真菌,特别是白腐菌可以将木质素氧化。从木质素的结构上看,生物降解的酶系应当有以下特点:

①非特异性:木质素结构组分和连接键类型的多样性意味着破坏它们的降解反应的机制不可能是特异性的。

②非水解性:木质素的骨架中并不存在着可以水解的键,稳定的 C—C 键和醚键结构不能产生水解反应,只能以其他特殊方式发生降解。

③胞外性:木质素分子量大,不溶于水,不会进入细胞内进行降解。

(2)木质素降解菌

可以降解木质素的微生物种类不少。用 ^{14}C 测定或在木质素上生长等方法考察。

在这些微生物中有许多是腐烂木材的真菌,已经知道腐烂木材的真菌达 1 600 种。通常把这些真菌分成 3 大类,即软腐菌、褐腐菌和白腐菌。

1)软腐菌

软腐菌中由子囊菌和半知菌起作用,它们因能使木材表面软化而得名,主要代谢木材中的碳水化合物,能对木质素进行不同程度的改变或缓慢地代谢。软腐菌分解的特点是侵袭木材的次生细胞壁,发生柱状空洞,也有些菌是从细胞腔开始的。

2)褐腐菌

褐腐菌大部分属于担子菌,主要降解木材中的多糖,不能完全降解木质素,且留下褐色残留物,故称为褐腐菌。在分解过程中,褐腐菌先从次生细胞壁物质开始降解,初生细胞壁中间层特别抗褐腐菌分解,因其木质素含量高。褐腐菌分解时,木质素中的甲氧基明显地减少,进一步分解时大部分多糖被消耗,细胞壁塌陷,造成木材体积减少。

3)白腐菌

白腐菌属担子菌,分解木质素能力最强。白腐菌产生胞外酶,分解木质素;在降解木质素的同时降解多糖,因为降解木质素需要能量。白腐菌使植物细胞壁逐步变薄。它们分泌的酶紧靠近菌丝的细胞壁层,依次降解植物细胞壁物质,解聚的产物同时被利用掉。

白腐菌的种类很多,例如革盖菌、卧孔菌、多孔菌和原毛平革菌等。在 20 世纪 80 年代末期,对白腐菌的研究取得了较大的进展,主要有:

①了解白腐菌生物降解化学的关键特征,并开发了高效木质素降解真菌黄孢原毛平革菌的实验系统。

②在黄孢原毛平革菌中发现了第一个木质素降解酶——过氧化物酶。

③黄孢原毛平革菌的酶可以氧化木质素中的苯环,转变为阳离子自由基,并经历自由基和离子性质的非酶降解反应,这些反应包括芳香环裂解和解聚木质素的其他形式的裂解。

④开发和改进了供基础和应用研究用的木质素过氧化物酶的生产方法。

⑤发现了黄孢原毛平革菌的第二个过氧化物酶,可将 Mn^{2+} 氧化为 Mn^{3+},并氧化木质素中的酚单元,致使木质素部分降解。

⑥研究了黄孢原毛平革菌系统中产生的胞外过氧化氢(为过氧化物酶所需)酶系,包括一种新的胞外铜氧化酶,它能氧化乙二醛和相关化合物并使 O_2 还原为 H_2O_2。

6.4.3 白腐菌的木质素降解酶

(1)黄孢原毛平革菌和其他真菌的木质素降解酶

1)黄孢原毛平革菌木质素降解过氧化物酶

黄孢原毛平革菌木质素降解酶系有两种主要的过氧化物酶:木质素过氧化物酶(Lip)和锰过氧化物酶(MnP)。

黄孢原毛平革菌除产生木质素酶、葡萄糖氧化酶以外,还产生其他的酶,如纤维素酶、半纤维素酶和蛋白酶。但更受重视的还是 LiP 和 MnP,因为它们能生物降解异生素、木质素模式化合物和木材中的木质素。

2)其他真菌木质素降解过氧化物酶

其他白腐菌也产生木质素降解过氧化物酶。已经开发出一种有效的方法,即通过结合载体菌丝生产射脉菌木质素酶,并已达到反应器生产规模。

3)漆酶

漆酶是一种含铜的氧化酶,也是非特异型氧化酶,能够氧化多元酚、甲氧基酚和二胺等多种有机化合物。

与木质素过氧化物酶和锰过氧化物酶需要过氧化氢不同,漆酶催化的氧化酚类化合物反应只需要氧气作为电子受体,氧气在反应中被还原为水。

(2)过氧化物酶的反应机制

1)木质素过氧化物酶

根据对这类酶的动力学和光谱学分析,它们的催化机制和其他过氧化物酶的催化机制十分类似。首先酶(含 Fe^{3+})被 H_2O_2 氧化失去两个电子,形成化合物 I(LiP1);化合物 I 与一个底物分子反应得到一个电子,并形成化合物 I(LiP2)和 1 个芳香族自由基产物;化合物 II 又与另一个芳香族底物分子反应得到第二个电子,底物形成另一个自由基产物,并且酶恢复到原来的状态。

2)锰过氧化物酶

除 MnP 以 Mn^{2+} 作为中介体以外,MnP 反应机制与 LiP 很相似。一旦 MIF^+ 被酶氧化,MW^+ 就可以氧化有机底物分子。

Mn^{3+} 和有机酸螯合,有高而稳定的氧化还原电位,螯合的 Mn^{3+} 作为分散的氧化还原中介体可以氧化酚类、某些甲氧基芳香化合物、硝基芳烃、氯代芳烃和有机酸等。

3)LiP 和 MnP 催化机制的相似性

由于 LiP 和 MnP 高的氧化还原电位,它们可以氧化其他过氧化物酶不容易氧化的底物。

(3)过氧化物酶产生的调节

许多研究涉及 LiP 表达的最佳条件,其研究核心是如何使用该菌菌体对污染地点进行修复。总的来说,过氧化物酶在营养受到限制的次生代谢过程中产生。限制 N、C 和 S 会诱导酶的活性。添加 L-谷氨酸、谷酰胺、组氨酸到培养基中会抑制木质素酶的活性。另外,过量的营养和环己酰亚胺(放线酮)抑制酶的活性,而用木质素、木质素模式化合物和过氧化氢将增加活性。根据对氮代谢途径调节的研究提示,有一个调节基因调控氮分解代谢产物阻抑。

6.4.4 白腐菌对有毒化学品的降解

木材中的木质素有些结构和许多环境持久性有机化合物的化学结构相比有很大的相似性。这种结构上的明显相似性,预示着白腐菌可以降解难降解的有机污染物。Bumpus 等发现白腐菌黄孢原毛平革菌确实可以降解难降解的污染物。

白腐菌的木质素降解系统可以裂解木质素分子中的碳—碳和碳—氧键。在木质素分解过程中,不管木质素手性碳的构象如何,这些键均可裂解。因此,这种菌的木质素降解酶系是非立体选择性和非特异性的。这种特性至少部分是由白腐菌的自由基降解机制造成的。

(1) 多环芳烃

黄孢原毛平革菌能够降解多种结构不同的多环芳烃,在缺氮的情况下才能表现出来。从黄孢原毛平革菌中提纯的木质素过氧化物酶可以氧化 PAHs,在这方面它们不同于其他典型的过氧化物酶,即它们有较高的正电性或者是较好的氧化剂。这种差别提示黄孢原毛平革菌降解多种结构各异的化学物质的能力,来源于它们能够催化这些化合物最初的氧化反应。

(2) 氯酚

农业上使用大量的氯酚,许多工厂(如制浆漂白厂)废水中也有氯酚存在。白腐菌黄孢原毛平革菌木质素降解系统可以降解五氯酚(PCP),缺氮的培养物可以加速 PCP 的矿化,氮素充足的培养基会抑制 PCP 的矿化。

(3) 农药

1) 多氯脂肪烃类

黄孢原毛平革菌在 30 d 内在加有玉米穗轴的粉砂壤土中,^{14}C 标记的氯丹和林丹分别矿化 14.9% 和 22.8%,在液体培养基中则分别矿化 9.4% 和 23.4%,^{14}C 标记的艾氏剂、狄氏剂和灭蚁灵的降解则更困难,主要是由于艾氏剂和狄氏剂有六氯环戊二烯环状结构。

2) 氯代芳香烃类

氯代芳香化合物有 2,4,5-T、DDT 等一些农药,以及一些溶剂、熏蒸剂、染料的中间体(如氯代苯类)。尽管许多报道说它们可以生物降解,但它们在土壤和水中微生物降解得很慢。

黄孢原毛平革菌对 DDT(对对氯苯基三氯乙烷)的降解完全不同于细菌对 DDT 的降解。据报道,DDT 对微生物的抗降解作用主要是分子中的三氯甲基。

6.4.5 白腐菌在污染治理中的应用

(1) 水处理

使用黄孢原毛平革菌的污水处理装置。这种真菌的菌丝体可以附着在转盘表面。小规模试验结果表明该装置可将 250 mg/L 五氯酚在 8 h 内降解到 5 mg/L。与炸药生产有关的粉红色废水可被充分处理,2,4,6-三硝基甲苯和 2,4-硝基甲苯在 24 h 内降解了 150 mg/L。在上两个例子中,最初污染物的浓度不同,但处理后可达到相同的程度。这表明基质不仅吸附到菌丝体上而且发生代谢作用。

(2) 土壤处理研究

Laznar 等研究评价了土壤种类、温度、pH 值和水势,在对灭菌土壤中和在非灭菌土壤中的白腐菌生长的影响。这项研究选择 3 种具有良好特征的土壤(表土和底土)。黄孢原毛平革菌的生长习性以及生物量的积累很大程度上受土壤种类的影响。增加土壤水势,可大大增加黄孢原毛平革菌的生长。水势是另一个易于控制的土壤因素。

早期的研究表明,黄孢原毛平革菌在未灭菌土壤中生长得不好,这可能是因为该菌竞争不过土著的微生物区系,因为土壤不是黄孢原毛平革菌的正常生境。但后来又发现使用大量接种体时可以在土壤内生长。

本章小结

生物修复是一个跨学科的领域,需要有化学、微生物学、生物化学、药理毒理学、工程学、土壤学、水文地质学、植物学等方面的综合知识,需要有环境化学、环境微生物学、环境工程、环境医学和生物技术等方面的专家的通力合作。

本章主要从污染物和微生物的基本知识入手,介绍污染物在环境中降解的基本过程及其影响因素,以及生物修复工程的方法和步骤,包括生物修复技术的一般方法和特殊方法,以使读者对生物修复的原理、发展、应用和问题有明晰和透彻的了解。讨论微生物对污染物的作用及其毒理效应,包括共代谢、去毒和激活。本章讨论了污染物对生物降解的作用,包括化学结构特性及其在环境中的生物有效性对生物降解的影响,以及环境因子对污染物生物降解的影响。

参考文献

［1］丰慧根.应用微生物学[M].北京:科学出版社,2013.

［2］焦瑞军.现代微生物资源与应用探究[M].北京:化学工业出版社,2000.

［3］徐丽华,微生物资源学[M].北京:科学出版社,2010.

［4］RONA C M L,HYUN D C,YEONG S W,et al. Fermentation with mono-and mixed cultures of Lactobacillus plantarum and L. casei enhances the phytochemical content and biological activities of cherry silverberry (Elaeagnus multiflora Thunb.) fruit[J]. Journal of the Science of Food and Agriculture,2020,100(9):3687-3696.

［5］TANG T,SONG J,LI J,et al. A synbiotic consisting of Lactobacillus plantarum S58 and hullless barley β-glucan ameliorates lipid accumulation in mice fed with a high-fat diet by activating AMPK signaling and modulating the gut microbiota [J]. Carbohydrate Polymers, 2020, 243:116398.

［6］JX A,KS A,YI H B,et al. Effects of dietary Bacillus cereus , B. subtilis , Paracoccus marcusii , and Lactobacillus plantarum supplementation on the growth, immune response, antioxidant capacity, and intestinal health of juvenile grass carp (Ctenopharyngodon idellus)-Science Direct[J]. Aquaculture Reports,2020,17.

［7］YUA B,KAI Y C,JING L B,et al. Probiotic strain Lactobacillus plantarum YYC-3 prevents colon cancer in mice by regulating the tumour microenvironment[J]. Biomedicine & Pharmacotherapy,2020,127.

［8］ZHU Y,GUO L,YANG Q. Partial replacement of nitrite with a novel probiotic Lactobacillus plantarum on nitrate, color, biogenic amines and gel properties of Chinese fermented sausages [J]. Food Research International,2020,137:10935.

［9］LIU S T,WANG R H,ZHANG Z G,et al. High-resolution mapping of quantitative trait loci controlling main floral stalk length in Chinese cabbage (Brassica rapa L. ssp. pekinensis) [J]. BioMed Central,2019,20(1):437.

［10］LIN S,WANG R,ZHANG Z,et al. High-resolution Mapping of Quantitative Trait Loci Controlling Main Floral Stalk Length In Chinese Cabbage (Brassica Rapa L. Ssp. Pekinensis) [J]. Biotech Week,2019,20(1).

[11] INATSU Y H, KAMAL W K, LATIFUL B, et al. The efficacy of combined (NaClO and organic acids) washing treatments in controlling Escherichia coli O157:H7, Listeria monocytogenes and spoilage bacteria on shredded cabbage and bean sprout[J]. LWT-Food Science and Technology, 2017(85):1-8.

[12] LIU D, TANG J, LIU Z, et al,. Fine mapping of BoGL1, a gene controlling the glossy green trait in cabbage (Brassica oleracea L. Var. capitata)[J]. Molecular Breeding, 2017, 37 (5):69-79.

[13] ZHANG J X, LI H X, ZHANG M G, et al. Fine mapping and identification of candidate Br-or gene controlling orange head of Chinese cabbage (Brassica rapa L. ssp. pekinensis)[J]. Molecular Breeding, 2013, 32(4):799-805.

[14] TOMOHIRO K, TAKEYUKI K, FUKINO N, et al. Identification of quantitative trait loci controlling late bolting in Chinese cabbage (Brassica rapa L.) parental line Nou 6 gou[J]. Breeding Science, 2011, 61(2):151-159.

[15] KUANG X J, XU J, XIA Q W, et al. Inheritance of the photoperiodic response controlling imaginal summer diapause in the cabbage beetle, Colaphellus bowringi[J]. Journal of Insect Physiology, 2011, 57(5):614-619.

[16] ANA J F C O, ALINE B P. Antimicrobial resistance of heterotrophic marine bacteria isolated from seawater and sands of recreational beaches with different organic pollution levels in southeastern Brazil: evidences of resistance dissemination[J]. Environmental Monitoring and Assessment, 2010, 169(1-4):375-384

[17] ATRIH A, REKHIF N, MOIR A J G, et al. Mode of action, purification and amino acid sequence of plantaricin C19, an anti- Listeria bacteriocin produced by Lactobacillus plantarum C19[J]. International Journal of Food Microbiology, 2001, 68(1-2):93-104.

[18] BREIDT F, CROWLEY K A, FLEMING H P. Controlling cabbage fermentations with nisin and nisin-resistant Leuconostoc mesenteroides[J]. Food Microbiology, 1995(12):109-116.

[19] 姜锡瑞, 段钢, 周红伟. 酶制剂应用技术问答[M]. 北京:中国轻工业出版社, 2008.

[20] 赵学超. 酶在食品加工中的应用[M]. 北京:华东理工大学出版社, 2017.

[21] 赵谋明, 赵强忠. 食物蛋白酶解理论与技术[M]. 北京:化学工业出版社, 2017.

[22] 何国庆, 丁立孝. 食品酶学[M]. 北京:中国轻工业出版社, 2019.

[23] 薛栋升. 酿酒酶与酶制剂[M]. 北京:化学工业出版社, 2018.

[24] FETRA J A, IKKO I, GEN Y, et al. Tackling antibiotic inhibition in anaerobic digestion: The roles of Fe^{3+} and Fe_3O_4 on process performance and volatile fatty acids utilization pattern[J]. Bioresource Technology Reports, 2020, 11(3):100460-100476.

[25] ZHENG H Y, ADITYA S, MA Q S, et al. Development of an oyster shell and lignite modified zeolite (OLMZ) fixed bioreactor coupled with intermittent light stimulation for high efficient ammonium-rich anaerobic digestion process[J]. Chemical Engineering Journal, 2020, 398 (10):125637-125649.

[26] GAWEL S, IZABELA K, ADAM C. Production of hydrogen and methane from lignocellulose waste by fermentation. A review of chemical pretreatment for enhancing the efficiency of the

digestion process[J]. Journal of Cleaner Production,2020,267(5):121721-121738.

[27]AJAY C M,SOORAJ M, DINESHA P, et al. Review of impact of nanoparticle additives on anaerobic digestion and methane generation[J]. Fuel,2020,277.

[28] TÜLIO A F D S,LÍVIA S D F,LARITA V J B D S, et al. Optimization of a culture medium based on forage palm for δ-ENDOTOXIN production[J]. Biocatalysis and Agricultural Biotechnology,2020,27(1):101664-101678.

[29] ZHANG J X,TIAN H L,WANG X N, et al. Effects of activated carbon on mesophilic and thermophilic anaerobic digestion of food waste: process performance and life cycle assessment [J]. Chemical Engineering Journal,2020(prepublish):2546.

[30] NDUBUISI S I,MITSUHIKO K,SHINICHI A, et al. Novel wet-solid states serial anaerobic digestion process for enhancing methane recovery of aquatic plant biomass[J]. Science of the Total Environment,2020,730.

[31]GUO L P, XU F F, LIU F, et al. The effect of sodium alginate on nutrient digestion and metabolic responses during both in vitro and in vivo digestion process[J]. Food Hydrocolloids,2020,107(3):105304-105319.

[32] LI D,FANG H,GAI Y. et al. Metabolic engineering and optimization of the fermentation medium for vitamin B_{12} production in Escherichia coli[J]. Bioprocess and Biosystem Engineering,2020,43(3):321735-321745.

[33] YxA,DcA,HONG Z D,et al. Enhanced Production of Iturin a In Bacillus Amyloliquefaciens By Genetic Engineering and Medium Optimization[J]. Process Biochemistry,2020(90):50-57.

[34] PAUL J, TAHLIA R M, HAYLEY B, et al. Biomaterials that regulate fat digestion for the treatment of obesity[J]. Trends in Food Science & Technology,2020(100):235-245.

[35] GUDMUNDUR H J,ANNA C,JOHN D L, et al. Estimation of biogas co-production potential from liquid dairy manure, dissolved air flotation waste (DAF) and dry poultry manure using biochemical methane potential (BMP) assay[J]. Biocatalysis and Agricultural Biotechnology,2020,25.

[36] Gram-Positive Bacteria-Lactobacillus plantarum; Researchers´ Work from Dalian University of Technology Focuses on Lactobacillus plantarum (Microbial dynamics and volatilome profiles during the fermentation of Chinese northeast sauerkraut by Leuconostoc mesenteroides ORC 2 and Lactobacillus)[J]. Chemicals & Chemistry,2020,130.

[37]YANG X Z, HU W Z, XIU Z L, et al. Microbial dynamics and volatilome profiles during the fermentation of Chinese northeast sauerkraut by Leuconostoc mesenteroides ORC 2 and Lactobacillus plantarum HBUAS 51041 under different salt concentrations[J]. Food Research International,2020,130.

[38] TAO H,TAO X,ZHEN P, et al. Genomic analysis revealed adaptive mechanism to plant-related fermentation of Lactobacillus plantarum NCU116 and Lactobacillus spp. [J]. Genomics,2020,112(1):703-711.

[39] ATTILA K,KRISZTINA T,ANDRÁS N, et al. In vivo and in vitro model studies on noodles

prepared with antioxidant-rich pseudocereals[J]. Journal of Food Measurement and Characterization,2019,13(4):2696-2704.

[40]YANG X Z, HU W Z, JIANG A L, et al. Effect of salt concentration on quality of Chinese northeast sauerkraut fermented by Leuconostoc mesenteroides and Lactobacillus plantarum [J]. Food Bioscience,2019,30.

[41]何国庆,贾英民,丁立孝.食品微生物学[M].北京:中国农业大学出版社,2016.

[42]方继功.酱类制品生产技术[M].北京:中国轻工业出版社:2006.

[43]籍保平,李博.豆制品安全生产与品质控制[M].北京:化学工业出版社:2005.

[44]孔保华,马丽珍.肉与肉制品工艺学[M].北京:中国轻工业出版社,2003.

[45]徐清萍.酱油生产技术问答[M].北京:中国纺织出版社:2011.

[46]李业鹏,姜勇,雷质文.食品微生物检测统计学[M].化学工业出版社,2019.

[47]杨革.微生物学实验教程[M].北京:科学出版社.2015.

[48]王瑞芝.中国腐乳酿造[M].北京:中国轻工业出版社:1998.

[49]朱宝馆.葡萄酒工业手册[M].北京:中国轻工业出版社:1995.

[50]TATIYA S, KRISANA S, NADNUDDA R. Colorimetric sensor and LDI-MS detection of biogenic amines in food spoilage based on porous PLA and graphene oxide[J]. Food Chemistry, 2020,329(18):127165-127176.

[51]LAILA N S,ELKE K A,KIERAN M L. Study on the characterisation and application of synthetic peptide Snakin-1 derived from potato tubers – Action against food spoilage yeast[J]. Food Control,118,15(6):107362-107371.

[52]CITRUS MEDICA, CINNAMOMUM ZEYLANICUM. Essential Oils as Potential Biopreservatives against Spoilage in Low Alcohol Wine Products[J]. Food Weekly News,2020,9151: 577-592.

[53]TAZENDAM J. Method for Detecting Food Spoilage Microbes,WO2018224561A[P]. Food Weekly News,2020.

[54]ALLAN R G M,RAFAEL D C,DANIEL G, et al. Modeling the inactivation of Lactobacillus brevis DSM 6235 and retaining the viability of brewing pitching yeast submitted to acid and chlorine washing[J]. Applied Microbiology and Biotechnology,2020,104(14):6427-6427.

[55]ALLAN R G M,RAFAEL D C,ANDERSON S. Sant'Ana. Inactivation kinetics of beer spoilage bacteria (Lactobacillus brevis, Lactobacillus casei, and Pediococcus damnosus) during acid washing of brewing yeast[J]. Food Microbiology,2020,91:103513.

[56]王国惠.环境工程微生物学[M].北京:科学出版社,2018.

[57]芩沛霖.工业微生物学[M].北京:化学工业出版社,2003.

[58]沈萍.微生物学[M].北京:高等教育出版社,2016.

[59]周德庆.微生物学教程[M].北京:高等教育出版社,2011.

[60]吕虎,华萍.现代生物技术导论[M].北京:科学出版社,2018.

[61]张自杰.排水工程:下册.[M].4版北京:中国建筑工业出版社,2000.

[62]徐亚同,史家樑,张明.污染控制微生物工程[M].北京:化学工业出版社,2001.

[63]Bever Stein Teichmann.现代德国除磷脱氰技术[M].袁国文,译.青岛:中德城市污水处

理培训中心,2000.

[64] 孙力平. 污水处理新工艺与设计计算实例[M]. 北京:科学出版社,2001.

[65] 刘雨,赵庆良,郑兴灿. 生物膜法污水处理技术[M]. 北京:中国建筑工业出版社,2000.

[66] 周群英,高延耀. 环境工程微生物学[M]. 2版. 北京:高等教育出版社,2000.

[67] AHMED G S,AHMED M A N,MAHMOUD R N. Ramadan,Mohamed A. Youssef. Optimization of dosing and mixing time through fabrication of high internal phase emulsion (HIPE) polymerization based adsorbents for use in purification of oil in water contaminated wastewater [J]. Journal of Applied Polymer Science,2020,137(34):74-78.

[68] NIU L J, WEI T, LI Q G, et al. Ce-based catalysts used in advanced oxidation processes for organic wastewater treatment:A review[J]. Journal of Environmental Sciences,2020,96(10):109-116.

[69] LUTZ P H,FRANIK W,GUNTHER M. Spotlight on Spatial Spillovers:An Econometric Analysis of Wastewater Treatment in Mexican Municipalities[J]. Ecological Economics,2020,175(8):106693-106699.

[70] KOUZBOUR S,STIRIBA Y,GOURICH B, et al. CFD simulation and analysis of reactive flow for dissolved manganese removal from drinking water by aeration process using an airlift reactor[J]. Journal of Water Process Engineering,2020,36.

[71] YAN Z,MAO L Y,LIN L, et al. Construction of aerogels based on nanocrystalline cellulose and chitosan for high efficient oil/water separation and water disinfection[J]. Carbohydrate Polymers,2020(243):1161461-116476.

[72] WANG S, JIA F C,PARVEEN K, et al. Hierarchical porous boron nitride nanosheets with versatile adsorption for water treatment[J]. Colloids and Surfaces A:Physicochemical and Engineering Aspects,2020,598(8):124865-124881.

[73] LONG Z Q, LI Q G, WEI T, et al. Historical development and prospects of photocatalysts for pollutant removal in water [J]. Journal of Hazardous Materials, 2020, 395 (7): 122599-122615.

[74] SIMIN I,WALTER C,LUCA N, et al. Impact of an arbuscular mycorrhizal fungal inoculum and exogenous MeJA on fenugreek secondary metabolite production under water deficit[J]. Environmental and Experimental Botany,2020,176(3):104096-104101.

[75] WEI L A,ABDUL W M. State of the art and sustainability of natural coagulants in water and wastewater treatment[J]. Journal of Cleaner Production,2020,262(10):121267-121283.

[76] FHL A,HONG Q,FRK A, et al. Water treatment and re-use at temporary events using a mobile constructed wetland and drinking water production system[J]. Science of the Total Environment,2020,737(8):139630-139648.

[77] SINGH N K,DHARMENDER Y,KUMAR P, et al. Ensuring sustainability of conventional aerobic wastewater treatment system via bio-augmentation of aerobic bacterial consortium:An enhanced biological phosphorus removal approach[J]. Journal of Cleaner Production,2020,262(5):121328-121346.

[78] SAMAL K,TRIVEDI S. A statistical and kinetic approach to develop a Floating Bed for the

treatment of wastewater[J]. Journal of Environmental Chemical Engineering,2020,8(5):
104102-104122.

[79] PAULA M,DANIEL S,ALBA A, et al. Bioremediation as a promising strategy for microplastics removal in wastewater treatment plants[J]. Marine Pollution Bulletin,2020,156(3):
111252-111267.

[80]PAN Y, REN H J, CHEN R Z, et al. Enhanced electrocatalytic oxygen evolution by manipulation of electron transfer through cobalt-phosphorous bridging[J]. Chemical Engineering Journal,2020,398(5):125660-125676.

[81] DAFAALLA M D B, ZHU L P,HAJO Y, et al. The change from hydrophilicity to hydrophobicity of HEC/PAA complex membrane for water-in-oil emulsion separation: Thermal versus chemical treatment[J]. Carbohydrate Polymers,241(10):116343-116355.

[82]ELSHAFIE H S, CAMELE I, SOFO A, et al. Mycoremediation effect of Trichoderma harzianum strain T22 combined with ozonation in diesel-contaminated sand[J]. Chemosphere,252 (7):126597-126609.

[83] DATTA S,RAJNISH N.SAMUEL M S,et al. Metagenomic Applications In Microbial Diversity, Bioremediation, Pollution Monitoring, Enzyme and Drug Discovery. a Review[J]. Ecology, Environment & Conservation,2020(12):1229-1241.

[84] JRD A. DWB,CKK B,et al. Applying microbial indicators of hgdrocarbon toxicity to contaminated sites undergoing bioremediation on subantarctic Macquarie Island-Science Direct[J]. Environmental Pollution,259.

[85] LEA C T,YARLAGADDA V N,ERIC D H, et al. Selenium: environmental significance, pollution, and biological treatment technologies[J]. Biotechnology Advances,2016,34(5):886-907.

[86] JAY S S, ABHILASH P C, SINGH H B, et al. Genetically engineered bacteria: An emerging tool for environmental remediation and future research perspectives[J]. Gene,2011,480(1):
1-9.

[87] GAO D Y,WU L. A critical review of the application of white rot fungus to environmental pollution control[J]. Critical Reviews in Biotechnology,2010,30(1):70-77.

[88] CONCETTA I G,ANNALISA M. A Landfarming Application Technique Used as Environmental Remediation for Coal Oil Pollution[J]. Journal of Environmental Science and Health, Part A,2003,38(8):1557-1568.